高等职业教育电子信息课程群系列教材

Web 前端开发项目化教程
（微课版）

主　编　郭立文　王洪波
副主编　苟彦昉　刘向锋
主　审　何杰惠

中国水利水电出版社
www.waterpub.com.cn
·北京·

内 容 提 要

本书是一本以 Web 前端项目开发案例为主线的新型工作手册式教材，通过融入企业软件开发的真实流程，详细地介绍了构建网站前端功能模块所需的 HTML+CSS+JavaScript 理论知识和实用技术，展现了运用 PHP+MySQL 技术搭建 Web 后端模块的具体过程。全书包括两个项目、八个单元、16 个任务，系统描述了"党史学习教育网"和"官堰村振兴网"的设计与开发过程，通过理实一体的学习训练激发读者学习兴趣，培育工程思维，促进综合能力提升，逐步积累项目开发经验。

本书既可作为高职高专院校计算机类专业的教材，也可供 Web 前端项目开发爱好者自学。

本书配有电子教案、源代码、图片素材、微课视频、开发工具等资源，读者可以从中国水利水电出版社网站（www.waterpub.com.cn）或万水书苑网站（www.wsbookshow.com）免费下载。

图书在版编目（CIP）数据

Web前端开发项目化教程：微课版 / 郭立文，王洪波主编. -- 北京：中国水利水电出版社，2021.12
高等职业教育电子信息课程群系列教材
ISBN 978-7-5226-0254-7

Ⅰ. ①W… Ⅱ. ①郭… ②王… Ⅲ. ①网页制作工具－高等职业教育－教材 Ⅳ. ①TP393.092.2

中国版本图书馆CIP数据核字(2021)第237087号

策划编辑：王利艳　责任编辑：周春元　加工编辑：黄卓群　封面设计：李　佳

书　名	高等职业教育电子信息课程群系列教材 Web 前端开发项目化教程（微课版） Web QIANDUAN KAIFA XIANGMUHUA JIAOCHENG（WEIKE BAN）
作　者	主　编　郭立文　王洪波 副主编　苟彦昉　刘向锋 主　审　何杰惠
出版发行	中国水利水电出版社 （北京市海淀区玉渊潭南路 1 号 D 座　100038） 网址：www.waterpub.com.cn E-mail：mchannel@263.net（万水） 　　　　sales@waterpub.com.cn 电话：（010）68367658（营销中心）、82562819（万水）
经　售	全国各地新华书店和相关出版物销售网点
排　版	北京万水电子信息有限公司
印　刷	三河市航远印刷有限公司
规　格	210mm×285mm　16 开本　15 印张　374 千字
版　次	2021 年 12 月第 1 版　2021 年 12 月第 1 次印刷
印　数	0001—3000 册
定　价	45.00 元

凡购买我社图书，如有缺页、倒页、脱页的，本社营销中心负责调换

版权所有·侵权必究

前 言

在"互联网+"时代,Web 前端开发技术是一个不可或缺的技术领域,它主要是通过 HTML+CSS+JavaScript 技术创建 Web 页面,进而实现互联网产品的用户界面交互功能。随着互联网业务不断拓展,业内竞争不断加剧,企业对 Web 前端开发技术人员的需求量越来越大,Web 开发人员在业内的地位迅速提高。

本书讲述了两个 Web 前端项目——"党史学习教育网"开发和"官堰村振兴网"开发,采用情景教学法+项目教学法+任务教学法来组织教学内容并实现教学目标。本书遵循由浅入深的认知规律,每个项目各安排 8 个任务,读者可身临其境般地在学中做、在做中学,既掌握 Web 前端项目的完整开发流程,又掌握 Web 前端开发人员所需具备的必要知识和技能,为今后的技术深造打下坚实的基础。

本书特点

(1)遵循企业项目开发流程,展现 Web 前端项目的设计与开发环节。

本书以企业真实的开发流程——需求分析→原型设计→编程阶段→数据交互→软件测试为基础,为读者展示一个项目从"0"到"1"的开发过程。

(2)融合多种教学方法,面向零基础的读者提供工作手册式教材。

本书区别于传统编程书籍,是一本工作手册式新型教材,由学校教师与企业工程师合作编写。全书侧重于"学中做,做中学",采用情景教学法+项目教学法+任务教学法,注重调动读者的兴趣,使其在实践过程中掌握相关的知识和技能,逐步增强自信,最终形成自主学习的意识和途径,获得项目开发的经验和成就感。

(3)内容丰富——Web 全栈式内容。

本书不仅讲解了如何展开 Web 前端项目的开发工作,而且讲解了如何搭建 Web 服务器环境,如何通过 PHP 语言实现后端数据处理,将数据存储在 MySQL 数据库中,同时还介绍了 Web 后端开发的相关知识。

(4)融入课程思政元素,配套教学资源丰富。

本书中的两个项目案例——"党史学习教育网"开发和"官堰村振兴网"开发融合了课程思政元素,有助于教师通过课堂教学加强大学生思想政治教育工作。读者扫描书中的二维码即可观看相应的微课视频。

本书推荐教师采用 64~96 学时实施授课,学生采用"学中做,做中学"模式进行学习。

陕西国防工业职业技术学院的郭立文、刘向锋老师与北京华晟经世信息技术有限公司的运营总监王洪波、Web 开发工程师苟彦昉共同合作完成了全书的设计与撰写工作,郭立文与王洪波任主编,苟彦昉与刘向锋任副主编。其中,项目一的任务 1 至任务 8 由郭立文负责编写,项目二的任务 1 和任务 2 由王洪波负责编写,项目二的任务 3、任务 4 和任务 8 由苟彦昉负责编写,项目二的任务 5 至任务 7 由刘向锋负责编写。全书由郭立文与苟彦昉统稿,由陕西国防工业职业技术学院的何杰惠老师主审。

特别感谢苟彦昉工程师,他承担了项目案例设计、代码编写及调试、编辑与排版、线上配套资源建设等大量工作。另外还要感谢陕西国防工业职业技术学院的刘帆凯、刘茹、郭柏良、赵金泉、高家辉、康旭洋、于天亮、陈一凡、肖宇辉等同学,他们协助老师完成了素材收集和处理等工作。

由于时间仓促且编者水平有限,书中难免有错漏之处,恳请读者批评指正。

编 者
2021 年 9 月

目 录

前言

项目一 "党史学习教育网"开发

单元一 项目准备阶段 2
任务1 "党史学习教育网"需求分析 2
任务2 "党史学习教育网"原型设计 8

单元二 模块开发阶段 17
任务3 "党史学习教育网"首页制作 17
任务4 构建注册登录模块 44
任务5 "党史学习教育网"功能完善 60

单元三 数据交互阶段 84
任务6 搭建 Web 服务器环境 84
任务7 "党史学习教育网"数据灵动 99

单元四 测试阶段 108
任务8 "党史学习教育网"运行测试 108

项目二 "官堰村振兴网"开发

单元一 项目准备阶段 115
任务1 "官堰村振兴网"需求分析 115
任务2 "官堰村振兴网"原型设计 121

单元二 模块开发阶段 128
任务3 "官堰村振兴网"首页制作 128
任务4 "官堰村振兴网"文化振兴页面制作 151
任务5 "官堰村振兴网"产业振兴页面制作 173
任务6 "官堰村振兴网"生态振兴页面制作 193

单元三 数据交互阶段 210
任务7 "官堰村振兴网"交互功能 210

单元四 测试阶段 231
任务8 "官堰村振兴网"运行测试 231

参考文献 235

项目一 "党史学习教育网"开发

本项目将运用 Web 前端开发技术从 0 到 1 搭建"党史学习教育网"。在项目逐步形成的过程中,读者将学到软件开发的基本流程、原型设计、HTML+CSS 基础和布局、JavaScript 基础用法和软件测试基础等。同时,读者也将学会 Web 服务器的搭建、MySQL 数据库的安装和前后端交互的代码逻辑。以上都是一个合格的 Web 前端开发者必要掌握的技能!

让我们边学边做,一起投入项目一的学习中吧!

单元一　项目准备阶段

任务1　"党史学习教育网"需求分析

任务导入

新的学期开始了，建党一百周年之际，老师要求本学期完成"党史学习教育网"Web前端项目，这可愁坏了泉泉同学，他完全不知道该从哪里入手。

在老师的指引下，泉泉同学通过互联网找到了"Web前端项目开发流程"的相关资料，经过认真思考，理清了项目开发的流程：①在做项目之前，明确项目需求是什么；②选择合适的方法进行需求分析；③确定项目的功能模块。当然，"一个好汉三个帮"，泉泉很快成立了项目组，项目组成员达成一致目标，协作开展工作。

学习目标

- 掌握软件开发流程。
- 理解需求分析方法。
- 能够协作完成项目需求分析并制作分析结果。

任务描述

2021年，正值建党一百周年，百年党史熠熠生辉，全国各地掀起了党史学习的热潮。开发"党史学习教育网"的主要目标是，以党史学习教育为契机，以"学党史、明党规、守党纪、跟党走"为主题，从学生的视角向计算机专业学生提供党史学习教育网站，方便同学们收集整理共享党史学习资料，交流分享学习心得体会，并在百年党史中汲取智慧和力量，从而坚定听党话、跟党走的决心。

在项目开发的过程中，项目组成员应遵循软件开发流程，学习Web前端开发基础知识，熟悉Web前端开发流程，训练编程思维，为深入学习编程打下坚实基础。

明确了开发项目的目标与学习内容后，接下来怎么做呢？泉泉同学开始了思考。

前导知识

要解答泉泉的问题，我们要从Web前端是什么开始说起。

一、Web前端开发

前端开发是从网页制作演变而来的。在互联网的演化进程中，网页制作是Web 1.0时代的产物，早期网站主要内容是以静态网页形式呈现的，以图片和文字为主，用户使用网站的行为也以浏览为主，没有交互功能。随着互联网技术的发展和 HTML5、CSS3 的应用，现代网页更加美观，功能更加强大，并且具有交互功能。

总结起来，前端开发主要是指搭建 Web 页面或 APP 前端界面，再通过 HTML、CSS、JavaScript 及其衍生出来的各种技术、框架、解决方案来实现互联网产品的用户界面交互。

结合本项目，在完成前端页面功能开发后，需要进一步创建 Web 服务器搭建模块，通过 Ajax 技术来实现客户端与服务器端的数据交互。

二、Web 前端开发流程

通常，Web 前端开发流程如图 1-1-1 所示。

图 1-1-1　Web 前端开发流程

【爱动脑】

请思考：除了 Web 形式，客户端还有哪些？它们是前端吗？

1. 需求分析

需求分析工作由项目经理负责。项目经理首先和客户进行交流，明确客户的需求，然后分析项目的可行性。如果项目具有可行性，则由项目经理撰写项目需求文档，完成后交给设计师进行原型设计。

2. 原型设计

原型设计工作由 UI 设计师负责。UI 设计师根据产品需求分析文档确定产品的整体美术风格、交互设计、界面结构与操作流程，并制作项目中的交互界面、图标、LOGO、按钮等相关元素。

3. 编码

编码工作由程序员负责。程序员根据 UI 设计师的设计，用编码来完成整个项目的各个功能。程序员按工作内容一般分为 Web 前端开发人员和后台开发人员。前端开发人员主要制作供客户浏览的网页，后台开发人员主要实现交互功能。

【敲黑板】

编码是项目开发的核心，也是本书的主要内容。

4. 测试

测试工作由程序测试员负责。程序测试员的主要工作是通过测试寻找程序中存在的 bug。刚刚编码完成的程序通常会存在问题，这就需要程序测试员进行反复测试，发现并将存在的问题以测试结果的形式传递给程序员，程序员根据测试结果修复 bug。在修复了所有发现的 bug 后，这个项目就可以上线了。

在实际的工作中还需要进行长期的维护工作。程序的维护是整个项目的最后一个阶段，这也是耗时最多、成本最高的一个阶段。程序的维护工作主要包括后续发现的 bug 修复和程序版本的更新。

明确了 Web 前端开发流程要从需求分析工作开始，可是需求分析又是什么呢？

需求分析也称为软件需求分析、系统需求分析、需求分析工程等，是开发人员经过深入细致的调研和分析，准确理解用户和项目的功能、性能、可靠性等具体要求，将用户非形式的需求表述转化为完整的需求定义，从而确定系统必须要实现什么功能的过程。

需求分析一般包含以下分析过程：

（1）调查研究。从系统的角度理解软件，评审软件范围是否恰当，确定对目标系统的综合要求（即软件的需求），提出这些需求的实现条件和需求应达到的标准。通常采用调查问卷的方式采集用户的需求。

（2）分析与综合。采集到了用户的需求之后，从数据流和数据结构出发逐步细化所有的软件功能，找出系统各元素之间的联系、接口特性和设计上的约束，分析它们是否满足功能要求、是否合理，剔除不合理的部分，增加需要的部分，最终形成需求调查报告。

（3）编写需求分析文档。结合需求调查报告编写需求分析文档。后续将根据需求分析文档进行 UI 设计工作。

任务准备

知识与技能目标

在本次任务中，我们需要掌握以下知识和技能：

（1）Web 前端开发的基础知识。

（2）项目需求分析的重要性。

（3）需求分析流程。

职业素养目标

迎难而上：面对从未遇到的问题，要有好奇心与求知欲，要知难而进，想方设法地去认识它、了解它，然后再探寻解决方案。

任务思考

泉泉同学通过构思所需要调研的问题，与项目组讨论后，确定了以下准备工作：

（1）全面设计调研内容，制作需求调研问卷表。

（2）形成柱状图结果，分析需求调研结果。

任务分解

泉泉同学将需求分析分为如下 3 个步骤：

（1）生成需求调研问卷。

（2）分析调研结果。

（3）制作需求分析文档。

需求分析文档编写

任务实施

完成准备工作后，泉泉开始需求分析工作。让我们与泉泉一起，按照分解的 3 个步骤完成项目需求分析吧。

步骤 1：生成需求调研问卷。

泉泉与班级同学沟通交流，将调研问卷分为页面整体色调、排版方式、表现形式、开发语言、数据库、网站功能需求、对网站建设了解程度等方面，最终形成需求调研问卷（表1-1-1），面向本班同学开展调研工作。

知识链接：设计调研问卷时，一定要遵循"简洁、易答、全面"的设计原则。

表 1-1-1 "党史学习教育网"需求调研问卷

项目需求	选项				备注
页面整体色调	□红色系列 □蓝色系列	□橙色系列 □紫色系列	□黄色系列 □黑色系列	□青色系列 □灰色系列	
排版方式	□居左	□居中	□居右	□其他	
表现形式	□静态页面	□动态页面	□静态页面+动态页面		
开发语言	□HTML	□CSS	□JavaScript	□HTML+CSS+JavaScript	
数据库	□SQL Server	□MySQL	□Oracle	□Access	
网站功能需求	□信息发布系统 □新闻实时发布 □网站地图 □视频播放	□产品展示系统 □资料检索 □留言板 □在线投票	□下载 □友情链接 □论坛 BBS 系统 □历史人物信息		
对网站建设了解程度	□熟悉网站建设流程 □没接触过	□有设计经验	□基本了解		
您的建议					

设计完成"党史学习教育网"需求调研问卷之后，泉泉便迫不及待地打印出来，分发给计算机专业的同学填写。同学们填写完毕后，将结果发给了泉泉。随即泉泉进行下一步的需求分析工作。

步骤 2：分析调研结果。

泉泉拿到厚厚的需求调研结果后犯愁了，该如何分析呢？经过老师指导，泉泉恍然大悟，原来把结果以柱状图的形式展现就会一目了然，如图 1-1-2 所示。

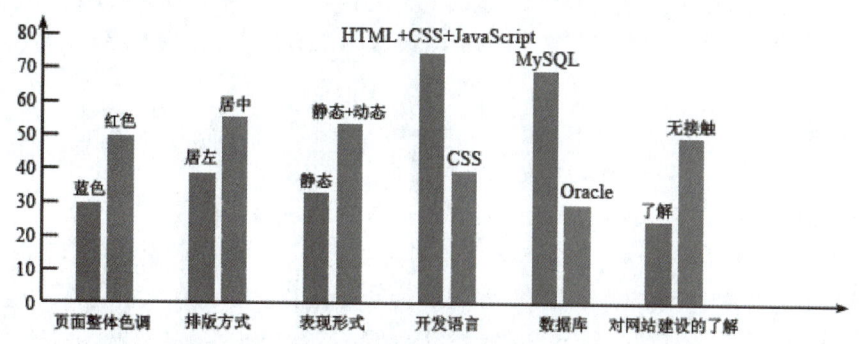

图 1-1-2 需求调研结果

在图中，页面色调选择红色最多，排版方式以居中为多，表现形式选择静态+动态者居多，选择 MySQL 数据库为多数，大多数同学没有接触过网站建设。

步骤 3：制作需求分析文档。

泉泉在分析调研结果后完成了下述需求分析文档。文档对"党史学习教育网"的基本功能进行了描述，这为后续的原型设计工作打下了坚实基础。

"党史学习教育网"需求分析文档

一、引言

本需求分析报告描述的是"党史学习教育网"的内容和每个模块的需求要点，展现了网站基本成型的过程。

本需求的预期读者包括项目设计人员、开发人员和测试人员。

二、背景

随着计算机技术的迅猛发展，本项目借助现代化的信息技术手段，采用网络化的宣传方式，实现快速、高效的宣传目标。

三、术语与运行环境

术语	描述
Web 前端开发	通过技术手段对内容进行编排设计，最终以网页的形式呈现
UI 界面	客户与服务之间的交互页面
Ajax 技术	利用 Ajax 实现后台与服务器的少量数据交换，使网页实现异步请求同步更新。这意味着可以在不重载整个页面的情况下，对网页的某些部分进行更新
Web 服务端	Web 服务器接收请求资源的 HTTP 请求，经过处理后将响应内容回送给客户端

运行环境	描述
处理器	推荐双核及以上处理器
主板	暂无要求
显卡	集成显卡或独立显卡，1GB 及以上
硬盘	50GB 及以上
运行内存	2GB 及以上
浏览器	主流浏览器

四、项目概述

本项目依托 Web 前端开发技术，完成"党史学习教育网"的页面设计、样式编写、交互特效和 Web 服务器环境的搭建，运用 Ajax 技术配合服务器端开发脚本实现页面注册登录功能。

五、技术要求

本项目将达到主流 Web 前端开发应用技术水平。

功能方面：满足页面设计、页面布局、页面跳转和轮播图功能。

界面需求：保持界面简洁，避免产生与主题无关的界面；统一风格，主色调不超过三种。

易用性方面：支持主流浏览器，保证用户的良好体验。

兼容性方面：通过框架设计实现对主流浏览器兼容性的要求。

安全性方面：对用户名和密码进行加密，满足对安全性的要求。

六、详细需求

（一）Web 前端部分

1. 登录注册页面

（1）注册。用户输入用户名、密码、确认密码和 QQ 号后即可完成注册（数据要通过表单验证才能完成注册）。

（2）登录。在登录页面中，用户输入正确的用户名、密码和验证码，单击"登录"按钮后，即可登录"党史学习教育网"首页。

2. 首页

（1）模块设计一。围绕主题展开，需有二级菜单来展示不同界面，且主题和二级菜单保持不变，图片区有轮播图特效，能够展示最新的新闻动态。

（2）模块设计二。使用图片进行界面过渡，展示历史人物。

3．子页面一（纪念馆页面）

（1）模块设计一。引用首页的主题、二级菜单作为宣传页面的布局。该子页面展示党史书籍，使用 CSS 技术解决文字排版问题，使得界面更加简洁。

（2）模块设计二。利用文字和图片介绍红色圣地历史文化及其重要地位。

4．子页面二（主题教育页面）

（1）模块设计一。使用图片＋特效描述"不忘初心主题教育"。

（2）模块设计二。使用文字＋特效描述"中国共产党入党誓词"。

5．子页面三（要闻要论页面）

转发展示国内党史学习教育新闻，吸引更多用户浏览网站。

（二）Web 服务端部分

1．数据库

设计用户信息表 user_info，设置主键 id（int 型，自动递增）、username（varchar 型）、password（varchar 型）、qq（varchar 型）。考虑到用户密码的加密，password 字段的长度设置为至少 50 位。

2．业务逻辑

当用户注册时，系统通过服务器端脚本代码的业务逻辑来实现前端数据接收，并将前端的数据存储在 user_info 表中。

当用户登录时，系统将比对服务器端脚本代码和用户名及密码。比对成功后，完成登录，再跳转到"党史学习教育网"首页。

至此，泉泉同学终于完成了"党史学习教育网"需求分析文档，这是开发工作的指导手册。注意，在企业真实开发过程中，需求文档是伴随着整个开发周期的，这意味着如果需求发生变动，那么需求文档也要做相应的改动。

任务评价

任务要求：提交项目需求分析资料。

考核方式：学生互评，教师点评。

评价标准：任务评价表，见表 1-1-2。

表 1-1-2　任务评价表

任务名称："党史学习教育网"需求分析	任务承接人： 交付日期：	
项目要求	评价标准	成绩
需求调研（30 分）	1. 需求调研表内容设计全面（10 分） 2. 需求调研柱状图完成效果（20 分）	
需求分析文档（40 分）	1. 需求分析文档安排合理（20 分） 2. 需求分析文档内容丰富（20 分）	
确定项目功能（30 分）	1. 项目功能合理（10 分） 2. 项目功能体现技术全面（20 分）	
总分		
评价人	评价级别（√）	备注
个人	□优秀　□良好　□合格　□不合格	
老师	□优秀　□良好　□合格　□不合格	

拓展训练

一、选择题

1. Web 前端开发流程一般为（　　）→原型设计→编码→测试。
   A. 需求分析　　　　　　　　B. 需求调研
   C. 编码　　　　　　　　　　D. 测试
2. Web 前端开发技术不包括（　　）技术。
   A. JavaScript　　B. CSS　　　C. HTML　　　　D. Linux
3. 需求分析过程不包括（　　）。
   A. 需求调研　　　　　　　　B. 调研结果收集
   C. 项目界面设计　　　　　　D. 需求文档编写

任务 2　"党史学习教育网"原型设计

任务导入

泉泉同学完成了需求分析任务，可对于网页开发工作依然无从下手，不知道如何制作界面。这就需要进行下一步操作——原型设计。

那么，原型设计是什么呢？泉泉经过查阅资料，了解到原型设计是依据需求分析结果设计"党史学习教育网"的功能界面，最终将功能界面制作为"蓝图"。

当然，想完成这项任务还需要学会使用原型设计工具，就让我们跟随泉泉同学一起完成这项任务吧。

学习目标

- 认识原型设计概念。
- 掌握原型设计工具。

任务描述

虽然完成了"党史学习教育网"的需求分析文档，但对于程序开发者来说，还需要更直观的"蓝图"。与需求分析文档相比较，"蓝图"在实际工作中更具有开发指导作用。下面将依据需求分析文档进一步完成原型设计工作。

但对于原型设计，同学们知之甚少。因此，我们先来了解原型设计有哪些工具，接着要掌握一款原型设计工具的使用方法，并且遵循原型设计原则完成页面设计工作，为项目的开发提供指导依据。

墨客的安装
使用

前导知识

一、原型设计

想知道原型设计是什么，首先要知道软件原型模型是什么。

软件原型模型又叫软件快速原型模型，指的是在执行实际软件开发之前建立的系统工作原型。

软件原型是系统的模拟执行，和实际的软件相比，其功能有限、可靠性较低且性能不够完善。换句话说，软件原型是实际系统的一个比较粗糙的版本。

向用户提供软件原型并获取反馈，这样开发出来的软件才能真正反映用户的需求。同时，采用逐步求精的方法完善原型，能使原型被"快速"开发，避免了在冗长的开发过程中难以对用户的反馈作出快速的响应。

那么，原型设计与软件原型模型的关系是什么呢？总的来说，原型设计就是软件原型模型设计形成的具体过程。

二、UI 设计

UI（User Interface）设计，即用户界面设计，具体是指对软件人机交互、操作逻辑、界面的整体设计。

人机交互：是指用户与计算机系统之间的互动。人机交互一般要通过交互界面来实现。例如，用户通过注册界面能够实现与计算机系统的交流操作。

界面：是人与计算机之间传递、交换信息的接口，是计算机系统的重要组成部分。用户通过界面可以将数据传送给计算机系统处理，计算机系统完成处理后将结果通过界面反馈给用户，从而实现人机交互。

在网站建设工作中，UI 设计师是一个相当重要的岗位。在产品、设计、开发、测试、运营等一系列环节中都能见到 UI 设计师的身影。UI 设计师的工作职责包括设计出美观的界面；深度思考如何实现产品的商业目标；为用户提供更好的体验。UI 设计师除了要掌握作图的技能外，还需要具备产品、测试、运营、服务等方面的综合知识。

可见，在 Web 前端开发过程中，UI 设计是不可缺少的前期工作。

三、UI 原型设计工具

"工欲善其事，必先利其器"，熟练运用工具是做好工作的基础，这也适用于软件开发工作。下面就来介绍当前流行的 UI 原型设计工具。

1. 摹客 RP

摹客 RP（图 1-1-3）是一款永久免费的 UI 原型设计工具，采用基于 Web 的全新架构。用户通过浏览器就可以下载并安装摹客 RP 软件，快速进行 UI 原型设计工作。摹客 RP 具有支持团队开发的优点，因此在 Web 前端开发工作中它是 UI 设计的首选工具。利用摹客 RP 设计出 UI 原型之后，可以直接交给程序员，由程序员进行编码实现。

摹客 RP 的主要功能：为 UI 设计师提供了钢笔、铅笔等矢量工具，方便设计工作；支持多名设计师同时在线进行 APP 原型设计；有助于设计师快速制作出交互原型，设计师绘制出流程图，清晰展现项目的逻辑关系。

2. Axure RP

Axure RP（图 1-1-4）是一款专业的原型设计工具，可以免费试用 30 天。UI 设计师可以用它快速创建 Web 线框图、流程图、原型和规格说明文档。

3. Balsamiq Mockups

Balsamiq Mockups（图 1-1-5）是一款 Mac 原型设计工具，可免费试用 30 天。设计师利用它可以直接在 Android/iOS 移动端上手绘草图，也可以在 Mac 计算机上绘制网页。支持手绘是这款软件的亮点。

图 1-1-3　摹客 RP 操作界面

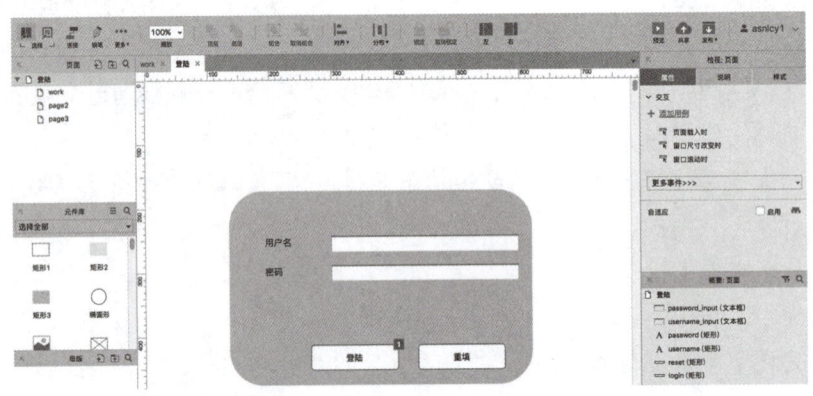

图 1-1-4　Axure RP 设计工具

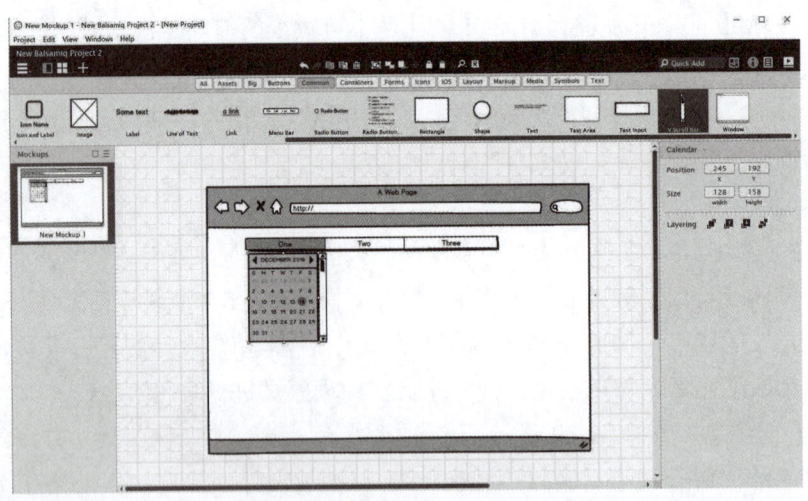

图 1-1-5　Balsamiq 设计工具

对于一名 UI 原型设计人员来说，掌握过硬的设计知识与技能非常重要，挑选设计工具的能力也必不可少。泉泉考虑到预算有限，决定选用摹客 RP 作为原型设计工具。

接下来，我们跟随泉泉学习摹客软件的下载、安装和使用。

1. 下载安装摹客

打开浏览器，输入网址 www.mockplus.cn，打开摹客官网主页，单击"下载"按钮后，出现插件和工具，再单击摹客 RP 进入下载页面下载客户端，如图 1-1-6 所示。

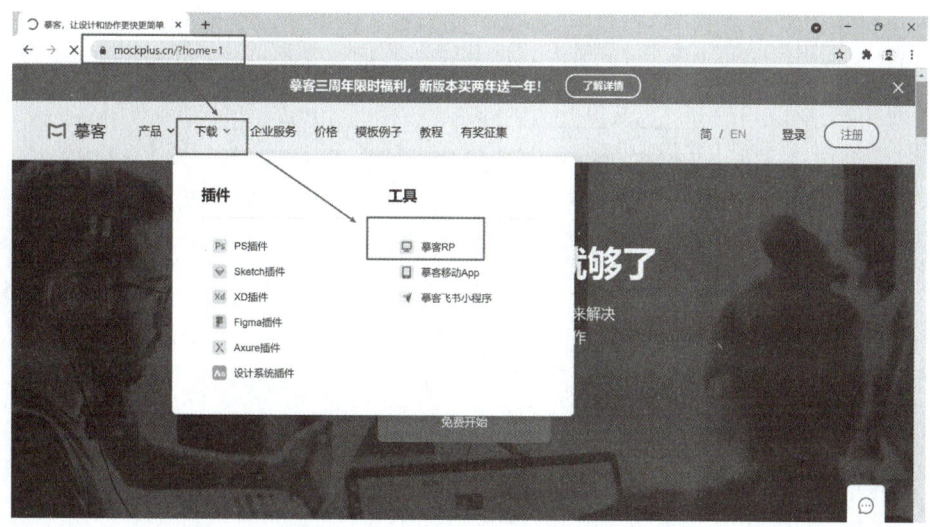

图1-1-6　摹客官网下载入口

2. 安装摹客

下载完成后，找到下载目录，打开安装包进行安装，如图1-1-7至图1-1-9所示。

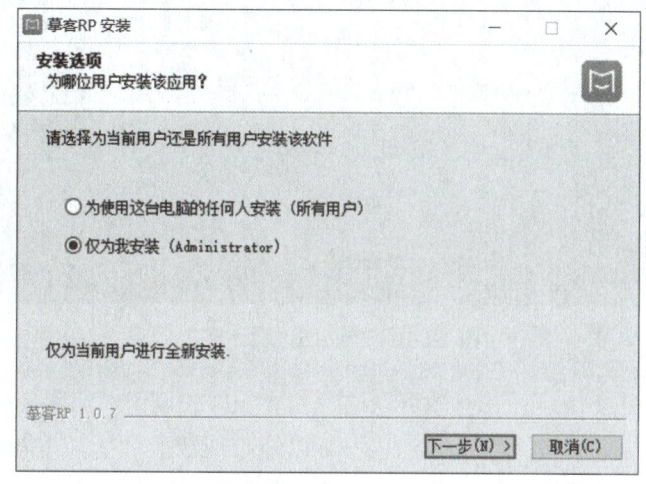

图1-1-7　安装过程1

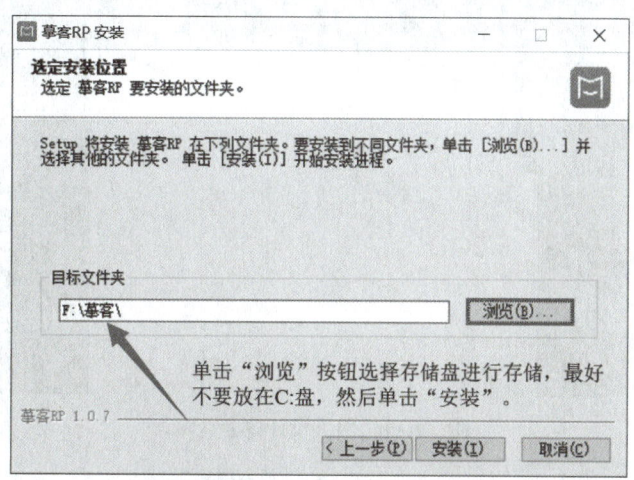

图1-1-8　安装过程2

3. 使用摹客

完成用户注册，然后登录进入到主页面，即可开始创建项目，如图 1-1-10 所示。

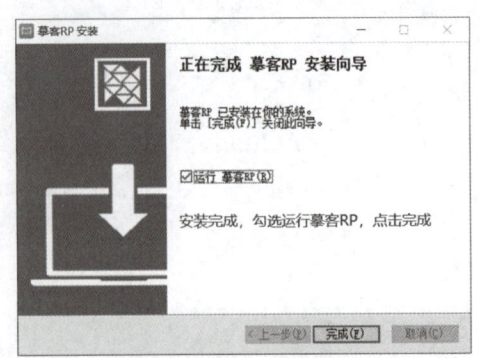

图 1-1-9　安装过程 3

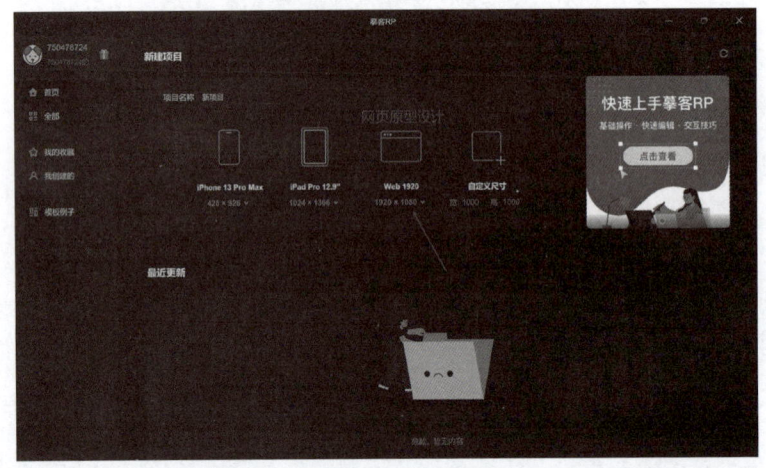

图 1-1-10　单击网页设计模式

主面板如图 1-1-11 所示，在其中可以进行各种各样的设计，但需要注意的是，所有内容的编辑都要在主面板内进行。按 Ctrl+-/+ 可以缩小或放大面板，这与 WPS 一样，改变的只是显示比例。在右侧属性栏内可以放大或缩小主面板的像素大小。

图 1-1-11　网页设计内容区域

可以看到最左边一竖列菜单包含一些几何形状，这是用来绘制网页布局框的。它的使用方法很简单，直接将几何形状拖曳到主面板上即可完成图形的绘制。以绘制矩形为例,如图 1-1-12 所示。

图 1-1-12　绘制矩形(页面布局效果)

你知道"党史学习教育网"这几个字是如何写入的吗?当按住快捷键 T 时就会看到文本输入框,在其中直接输入文本即可。

泉泉已经掌握了摹客的基本操作,只要稍加练习就可以进行基本的界面设计了。关于摹客的其他用法,读者可以查阅相关资料进一步自学。

任务准备

知识与技能目标

在本次任务中,我们需要掌握以下知识和技能:
(1)原型设计的基本概念。
(2)几款当前流行的原型设计工具。
(3)原型设计工具的基本操作。

任务思考

泉泉同学决定了"简洁、大方、利于开发"的原型设计原则,重点设计:
(1)页面导航栏的样式。
(2)首页和子页面的结构。

任务分解

泉泉同学将原型设计分为如下 3 个步骤:
(1)注册登录界面设计。
(2)首页界面设计。
(3)子页面原型设计。

任务实施

步骤 1:注册登录界面设计。

泉泉考虑到,注册登录功能可以设计成一个页面,单击各自的按钮就能完成切换,这样设计出的界面简洁大方。同时,标题采用 <h1></h1> 标签进行展示,页面主体部分是 form 表单(注册、登录且含有按钮的表单)。

泉泉打开原型设计工具,进行注册登录界面设计,结果如图 1-1-13 所示。

"党史学习教育网"注册登录页面这样就设计完成了。泉泉对于原型设计工具的使用更加熟练，于是趁热打铁，开始首页界面的设计工作。

步骤2：首页界面设计。

首页是一个网站的门户，泉泉经过思考，需要将首页分为网页头部、导航栏、轮播区域、过渡区域、人物展示区域和底部。

泉泉打开原型设计工具进行首页界面设计，结果如图1-1-14所示。

图1-1-13　注册登录界面

图1-1-14　首页界面设计

这是传统网站首页布局的风格，也是很多政府、学校、医院等网站的布局风格。泉泉设计完了首页，觉得还不过瘾，很快投入了子页面原型设计。

步骤3：子页面原型设计。

泉泉先确定了5个子页面，包括要闻要论（图1-1-15）、新闻内容（图1-1-16）、革命纪念馆（图1-1-17）、纪念馆（图1-1-18）、主题教育（图1-1-19）。

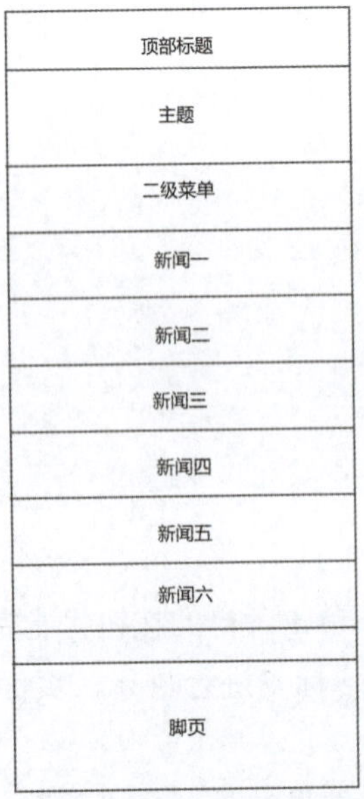

图1-1-15　"要闻要论"界面原型

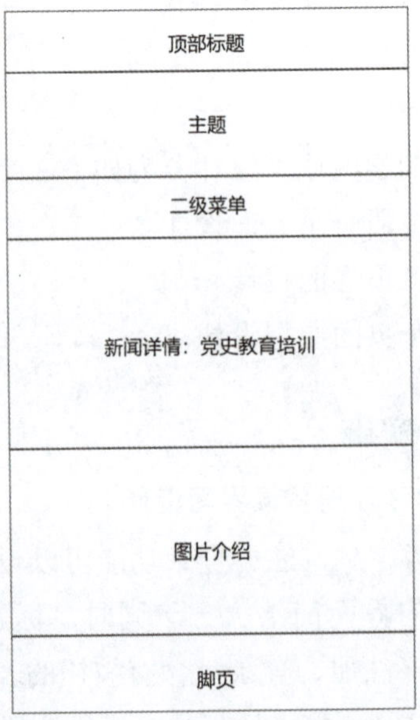

图1-1-16　"新闻内容"界面原型

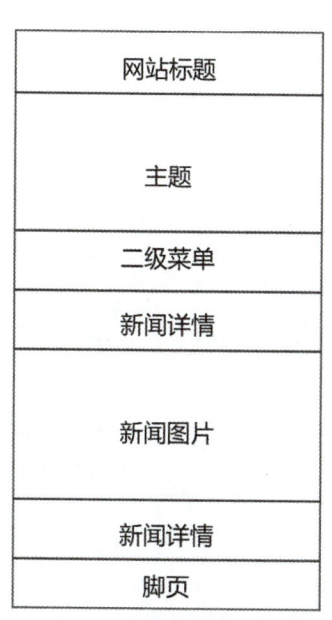

图 1-1-17 "革命纪念馆"界面原型

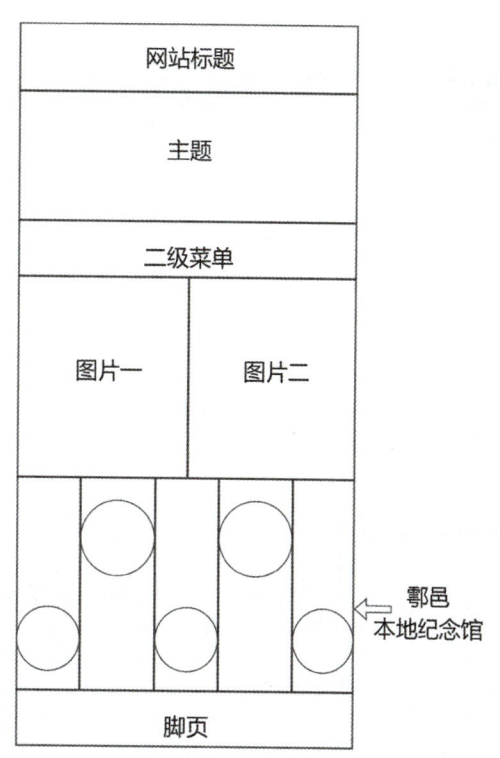

图 1-1-18 "纪念馆"界面原型

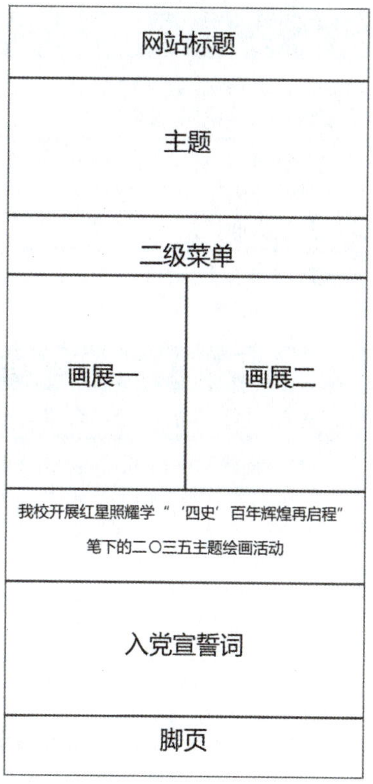

图 1-1-19 "主题教育"界面原型

泉泉完成了原型界面的设计任务，长舒了一口气。

项目组的其他成员看到泉泉的设计界面，不禁大加赞赏，随即领取了属于自己的任务。开发任务分配情况见表 1-1-3。

表 1-1-3 "党史学习教育网"项目组开发模块任务表

任务环节	模块开发负责人
任务 1 "党史学习教育网"需求分析	泉泉
任务 2 "党史学习教育网"原型设计	泉泉
任务 3 "党史学习教育网"首页制作	小茹
任务 4 构建注册登录模块	小茹
任务 5 "党史学习教育网"功能完善	帆凯
任务 6 搭建 Web 服务器环境	泉泉
任务 7 "党史学习教育网"数据灵动	泉泉
任务 8 "党史学习教育网"运行测试	帆凯

任务评价

任务要求：提交"党史学习教育网"原型设计图。

考核方式：学生互评，教师点评。

评价标准：任务评价表，见表 1-1-4。

表 1-1-4 任务评价表

任务名称："党史学习教育网"原型设计	任务承接人： 交付日期：		
项目要求	评价标准	成绩	
原型工具安装使用（30 分）	完成原型工具安装（10 分） 掌握原型工具使用（20 分）		
原型设计过程（60 分）	完成注册界面设计（10 分） 完成登录界面设计（20 分） 完成其他界面设计（30 分）		
界面设计合理（10 分）	界面功能布局设计合理（10 分）		
总分			
评价人	评价级别（√）		备注
个人	□优秀 □良好 □合格 □不合格		
老师	□优秀 □良好 □合格 □不合格		

拓展训练

一、选择题

1. 以下（ ）不是原型设计工具。

    A．RedHat　　B．Axure RP　　C．摹客 RP　　D．Balsamiq Mockups

2. UI 原型设计是指（ ）。

    A．用户界面设计　B．软件流程设计　C．原型需求设计　D．原型过程设计

3. 原型设计阶段是在（ ）之后。

    A．需求调研完成　B．调研设计　C．需求文档形成　D．需求设计更改

单元二　模块开发阶段

任务 3　"党史学习教育网"首页制作

任务导入

"党史学习教育网"需求分析和原型设计已经完成,下一步是根据原型 UI 完成"党史学习教育网"首页开发任务。

首页开发任务的重点:熟练运用 DIV+CSS 技术完成首页功能模块布局;完成各功能模块的样式编写。把这项任务交给热爱党史学习且具有创新意识的小茹同学是再适合不过了。

学习目标

- 掌握有序列表和无序列表。
- 掌握背景图片的布局方法。
- 熟练使用盒模型样式。
- 熟练使用 CSS 选择器。
- 掌握 JavaScript 基础知识。
- 掌握轮播图功能的实现逻辑。

任务描述

首页作为网页的门户,其布局工作显得尤为重要。小茹同学经过思考,将围绕重要论述、红色资料、新闻要论三栏内容展开描述,并把它们以导航栏的形式展示在首页中。

不过,想要实现首页的制作并非易事,既要掌握相关专业知识,还要具有灵活运用的能力,这样才能有条不紊地完成开发任务。

前导知识

一、HTML 标签

要想实现首页功能模块布局,先要学会使用常见的标签,例如自定义标题标签、列表标签、图片标签、超链接标签。那么,我们跟随小茹进行学习吧!

1. 自定义标题标签

<h1> ~ <h6> 标签可定义标题,根据实际功能需要展现新闻的标题。<h1> 定义一级标题(也称为主标题或最大的标题),<h6> 定义六级标题。6 个不同标题的代码示例:

```
<h1>标题 1</h1>
<h2>标题 2</h2>
```

HTML+CSS+
JavaScript
基础使用

```
<h3>标题 3</h3>
<h4>标题 4</h4>
<h5>标题 5</h5>
<h6>标题 6</h6>
```

也可以通过添加 align="center" 属性来实现文本居中。

2. 无序列表

`<ul></ul>` 是无序列标签，且是闭合的，需配合 `<li></li>` 作为列表项使用，语法为：`<ul><li>` 内容 `</li></ul>`，代码示例：

```
<ul>
<li>北京市</li>
<li>上海市</li>
<li>陕西省
  <ul>
    <li>西安市</li>
    <li>宝鸡市</li>
  </ul>
</li>
</ul>
```

【知识提醒】
列表标签还有 `<ol><li>` 有序列表标签和 `<dl><dt><dd>` 自定义列表标签。

如上代码所示，无序列表可以嵌套使用。

3. 图片标签

`<img>` 标签可以在 HTML 页面中插入图像，常用属性有 src、align、alt，见表 1-2-1。代码示例：

```
<img src="img/01.jpg"/>
<img src="img/01.jpg" alt="该图片无法加载"/>
<img src="img/01.jpg" title="我的图片"/>
```

注意：`<img>` 是半闭合标签。

表 1-2-1 img 标签属性

标签	属性	描述
img	src	指定要插入的源图像，包括路径与文件名
	align	指定图像相对于文本的对齐方式
	alt	当图像无法正常加载时显示的文字说明
	title	当鼠标悬停到图片上时自动出现的文字提示

4. 超链接标签

超链接标签即 `<a></a>` 标签，name 属性用于创建锚标签。锚标签用于使用户跳转到文档的某个部分或目标文档。代码示例：

```
<a name="target">跳转目标</a>
```

为实现这种跳转效果，在 href 参数中使用该标签。

```
<a href="#target">跳转目标</a>
```

鼠标指针移动到网页中的某个链接上时箭头会变为一只小手形状。这就是通过使用 `<a></a>` 标签在 HTML 中创建链接，单击它可以跳转到另一个地址。代码示例：

```
<a href="http://www.baidu.com">点我跳转到百度</a>
```

target 属性可以在新窗口中打开页面，代码示例：

```
<a href="index.html" target="_blank">点我跳转到新窗口</a>
```

【想一想】
半闭合标签还有哪些？

二、CSS 基础

小茹学习了 HTML 标签后，发现只能实现简单的标签效果，想要实现网页布局并美化网页时总是力不从心。这就需要网页"装修工"——CSS 技术的帮助了。

我们知道 DHTML 技术是实现动态 HTML 页面的技术，但它具体指的是什么呢？如图 1-2-1 所示。

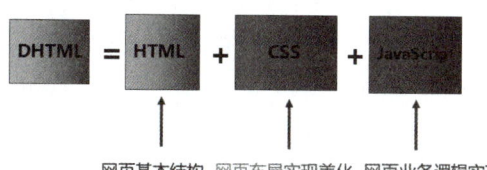

图 1-2-1　DHTML 技术

由此可见，CSS 处于相当重要的地位，它是 Web 前端开发者必须掌握的知识。

1. CSS 介绍

CSS 是 Cascading Style Sheets 的英文缩写，中文翻译为层叠样式表。它是由 W3C（万维网联盟）的 CSS 工作组研发和维护的，是一种标签语言，使用时不需要编译，由浏览器直接解析执行（与 HTML 语言一样，属于浏览器解释型语言）。在书写时，由于 CSS 对大小写不敏感，推荐使用小写。

2. CSS 基本语法

CSS 定义分别由选择器、属性、属性取值组成，格式如下：

```
selector{property:value}
```

选择器可以是 HTML 中的标签名称，属性和值之间用冒号隔开，多个属性之间用分号隔开，例如：

```
/*设置了页面为红色和绿色的文字*/
body{color:green}
div{color:red;font-family:宋体}
```

在 CSS 中，注释语法是 /*CSS 注释 */。注释的内容会被浏览器忽略，可用于为样式表加注释，也可以在调试时使用。

3. CSS 样式表分类

根据样式代码的书写语法和书写位置可将其分为三类：行内样式、内嵌样式、外部样式。

行内样式：把 CSS 样式直接作用在 HTML 标签中。例如：

```
<div style="color: red;">云算3194</div>
```

如果希望某段文字和其他段落文字的显示风格不一样，采用行内样式就再合适不过了。行内样式使用元素标签的 style 属性定义。

内嵌样式：使用 <style> 标签把 CSS 文件中的内容加载到 HTML 文档内部的 <head> 标签。代码示例：

```
<style type="text/css">
  div{
    font-size:20px;
    color:blue;
    font-weight: bold;
  }
</style>
```
（样式代码）

【动手练习】
运用 <a> 标签实现页面跳转；练习 HTML 标签的使用；熟记常用标签的类型及用法。

【知识提醒】
CSS 的注释语法与 HTML 注释语法不一样。

【想一想】
CSS 三种样式表之间的优先级是怎么样的？

外部样式：实现了 CSS 样式规则与 HTML 结构的分离。将 CSS 样式表以"名称.css"为后缀保存为文件，然后将其引入到 HTML 文档中。

代码示例：

```
<link rel="stylesheet" type="text/css" href="css/index.css"/>
```

这行代码表示调用外部样式表文件 css/index.css，css 代表当前文件所在路径下的子文件夹名称，采用的是相对路径引用方式；<link> 是引入样式表文件的标签；rel="stylesheet" 表示调用的是一种样式；type="text/css" 指定所链接文件的类型是 CSS 样式；href="css/index.css" 指定要链接的外部样式表文件。

4. CSS 选择器

在 CSS 中，选择器是选取所需设置样式的元素的模式。就像老师点名回答问题一样，学生是需要有名字的。那么有哪些选择器是我们需要掌握的呢？

HTML 选择器即 HTML 标签，用来改变一种指定标签的样式，任何 HTML 元素都可以作为一种 CSS 的选择器。

语法：HTML 标签名 { 属性 : 值 }

代码示例：

```
p  { text-indent:2em; }   /*当中的选择器是p*/
h1 { color:yellow; }      /*当中的选择器是h1*/
```

（1）CSS 类选择器：选中文档中 class 属性值为指定值的元素。

语法：标记名 . 类名 { 属性 : 值 } 或 . 类名 { 属性 : 值 }

类选择器名称的定义方式为 ".class 名称"。

代码示例：

```
/*设置p标签中class名为row1的*/
p.row1{ background:red; }
/*为pro的类可以被用于任何元素*/
.pro{ font-size:14px; }
```

（2）CSS ID 选择器：选中文档中 id 属性值为指定值的元素。

语法：ID 名称 { 属性 : 值 }

ID 选择器名称的定义方式为 "#" 后加 ID 名称 "idname"。id 属性的特殊之处在于，id 属性在文档中具有唯一性（与 class 属性正好相反），id 属性可以用来单一地标识一个元素。

代码示例：

```
/*ID名称main前加上一个#号*/
#div{ text-indent:5em; }
```

（3）子元素选择器：两个元素直接层级结构属于父子关系（嵌套与被嵌套关系），这里使用 ">" 来表示。

语法：选择器 1 > 选择器 2...{ 属性 : 值 }

代码示例：

```
#div1>div{background-color:red}
```

（4）后代选择器：可以选择作为某元素后代的元素。这里区别于子元素选择器，后代选择器的语法为 " "，即空格。

语法：选择器 1 选择器 2...{ 属性 : 值 }

【动手练习】
请练习文中提到的选择器。

【动动脑】
练习文中提到的所有选择器类，思考选择器之间的优先级排序。

代码示例：

div a{font-size:14px}

5. 盒模型

CSS 盒模型描述的对象是一个盒子，它包括边距、边框和实际内容。在 CSS 中，所有 HTML 元素都可以看作是这样的盒子，如图 1-2-2 所示。

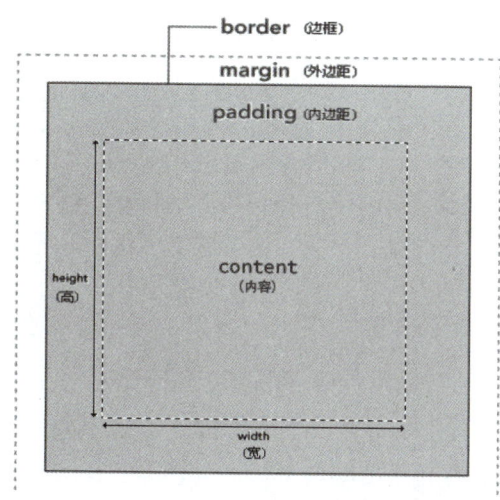

图 1-2-2 盒模型图解

盒模型允许我们在其他元素和周围元素边框之间的空间放置元素。由外向内看，我们可以将盒模型属性分为 margin（外边距）、border（边框）、padding（内边距）和 content（内容）四大部分，各部分的含义及用法见表 1-2-2。

表 1-2-2 盒模型属性

属性	控件类型	描述
margin	外边距	边框外的区域，是透明的
border	边框	围绕在内边距和内容外的边框
padding	内边距	内容周围的区域，是透明的
content	宽（width）	盒子的内容，显示文本和图像
	高（height）	

【想一想】
盒子的总宽高如何计算？

各属性的用法如下：

margin 属性含义为外边距，写法遵循"上、右、下、左"的顺序，代码示例：

div {margin:10px}/*四个方向均为10px*/
div {margin:10px 20px}/*上下：10px；左右：20px*/
div {margin:10px 20px 8px}/*上：10px；左右：20px；下：8px*/
div {margin:10px 20px 8px 10px}/*上：10px；右：20px；下：8px；左：10px*/

也可以运用"margin- 方向词"来描述单一方向样式，例如：

div {margin-left:10px}

padding 属性含义为内边距，写法与 margin 基本一致，不同在于后者的属性值可以设置负值。

border 属性含义为盒子的边框，语法为 border{ 线宽 线型 颜色 }。其中，线宽单位为像素，线型的取值包括 dashed（虚线）、dotted（点线）、solid（实线）。代码示例：

```
/*给div标签设置1px+实线+红色的盒子边框*/
div{ border:1px  solid  red;}
```

width 与 height 含义为元素内容的宽和高。用法最简单，直接赋予以像素为单位的数值即可（注意：一定要带 px 单位）。

代码示例：

```
/*给div盒子内容设置为高200px，宽200px*/
div{
    width:200px;
    height:200px;
}
```

三、JavaScript 基础

小茹同学对 CSS 有了基本认识，可以进行简单样式的编写了。根据原型 UI 蓝图设计要求，她要在首页中完成一个轮播图效果，这又难倒了她，于是她急忙来向老师寻求帮助。老师告诉她，轮播图效果需要利用 JavaScript 技术来实现，那么 JavaScript 技术是什么呢？

1. JavaScript 介绍

JavaScript 是全球较为流行的编程语言,主要应用于 Web 前端开发,也可作用于服务器,如 Nodejs。

JavaScript 无须编译，浏览器可以直接解析运行，它在网页中主要擅长实现网页和浏览者的动态交互。JavaScript 具有完美的兼容性，可以运行在几乎所有的浏览器上。

由于 JavaScript 的事件机制可以快速地响应浏览者的操作，具有很好的用户体验，因此它已经成为 Web 前端开发人员必须掌握的语言。

2. JavaScript 运用

【想一想】
JavaScript 在 Web 前端开发中充当什么角色呢？

JavaScript 可以提供用户交互、动态更改内容、数据验证等功能。那么该如何运用它呢？

我们需要将外部 JavaScript 文件引入到 HTML 文档中，引入方法：通过 <script> 标签中的 src（源文件）属性实现外部引入。代码示例：

```
<script src="文件名.js"></script>
```

在 JavaScript 中定义变量是开发者经常需要做的事情，通过 var 关键字实现，应遵循如下 3 个规则：

（1）变量名必须以字母、下划线、美元符号（"_""$"）开头。

（2）变量名允许包含数字、从 A 至 Z 的大小写字母。

（3）变量名不得与内置对象冲突，如 document、window 等。

与 CSS 不同的是，JavaScript 语言区分大小写，即变量 myVar、myVAR 和 myvar 是不同的变量。

在定义变量时可以同时声明并赋值给变量，代码示例：

```
var myStr = "Hello world！";
```

也可以一次声明多个变量，以提高变量定义的效率。代码示例：

```
var a, b, c = 5;
```

JavaScript 拥有 5 种基本数据类型：String（字符串型）、Number（数值型）、Boolean（布尔型）、Undefined（未定义）和 Null（空）。值得一提的是，字符串型与数值型是不能直接进行"+"符号运算的，否则会被认为是字符串拼接操作，我们需要将字符串型转换为数值型后再进行运算，例如：

```
var num1 = 3;   var num2 = "4"（此处双引号应为英文标点）
alert(num1+num2)        //字符串拼接结果为34
```

进行类型转换操作 num2 = Number(num2) 后，再运行代码。

```
alert(num1+num2)        //计算结果为7
```

在 JavaScript 应用中，最常用的非"Array——数组"莫属。这里我们对 Array 进行介绍。

在开发中，难免需要定义很多变量，这就给代码的编写工作增添了不少麻烦。如果我们会使用数组，将会很好地解决多个变量定义的问题。

Array 对象用于在单个变量中存储多个值。我们只要管理好数组，就等于管理好了它所存储的数值。

创建 Array 对象的语法：

```
new Array();
new Array(size);
new Array(element0, element1, ..., elementn);
```

也可以直接简化创建语法：

```
var arr = [element0, element1, ..., elementn];
```

需要知道的是，数组中的数据需要通过 arr[index] 的方式读取。其中，index 是元素索引，其值是从 0 开始到 arr.length-1。

数组的方法有很多，我们需要掌握几个常用方法来应对日常开发，见表 1-2-3。

表 1-2-3　数组的常用方法

方法	描述
join	将数组中的元素组合成字符串
reverse	颠倒数组元素的顺序，使第一个元素成为最后一个，最后一个元素成为第一个
sort	对数组元素进行排序
push	在数组末尾添加数据，返回新长度
pop	在数组末尾删除数据，返回被删除的数据
unshift	在数组头部添加数据，返回新长度
shift	在数组头部删除数据，返回被删除的数据

另外，数组的遍历工作也是开发时经常要用到的。我们需要掌握如何通过 for 循环来遍历数组，代码示例：

```
var arr = [1,2,3];
for (var i = 0; i < arr.length; i++) {
    console.log(arr[i]);            //控制台打印出 1 2 3
}
```

此外，JavaScript 的 DOM 操作也是必须掌握的技能。DOM 即文档对象模型，是处理可扩展置标语言的标准编程接口。最经典的 DOM 树形结构如图 1-2-3 所示。

我们可以根据元素的特征来获取相应的对象或集合。

代码示例：

```
//获取ID名为"div"的子元素集合
var arrImg = document.getElementById("div").children;
```

【动动脑】
在 JavaScript 中 "+" 有哪些用法？

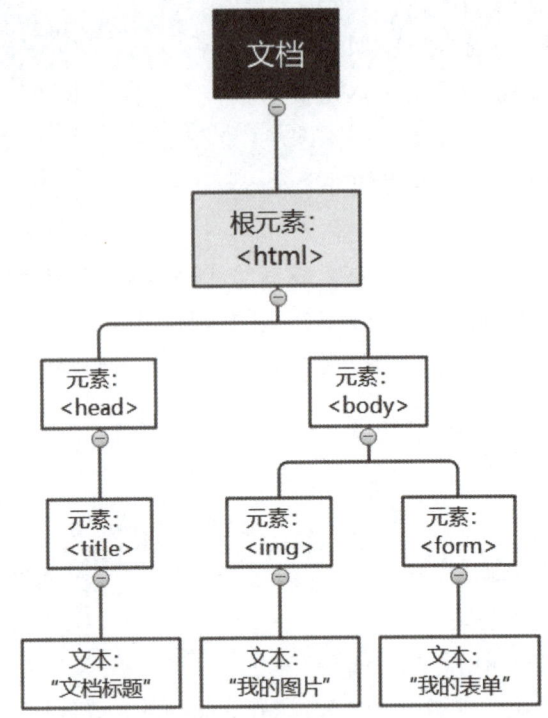

图 1-2-3　DOM 树形结构

【知识提醒】
在 DOM 操作中，还可以按照元素的类名、name 名、元素标签名为查询依据，均返回集合。

也可以通过 innerHTML 属性获取或设置指定元素的内容。

代码示例：

//将ID名为"p"元素的HTML内容设置为123，不赋值即为获取该元素的HTML内容文本
document.getElementById("p").innerHTML = "123";

DOM 操作还有很多关于节点、属性、文本内容操作的方法或属性，这里不做一一讨论了。

最后，为了实现轮播图特效，我们还需要学会运用 setTimeout()——延时执行函数。setTimeout() 方法用于在指定的毫秒数后调用指定函数，语法如下：

setTiomeout("函数执行", "指定毫秒数");

代码示例：

//指定每13毫秒调用一次move()函数
var $timeOut = setTimeout("move()",13);

如果需要停止这个重复执行的过程，需要使用 clearTimeout() 函数，代码示例：

//清除move()函数的重复调用
clearTimeout($timeOut);

小茹同学通过老师指导与自主学习掌握了 HTML 基础、CSS 知识和 JavaScript 知识。正所谓"养兵千日，用兵一时"，小茹同学开始了"党史学习教育网"首页的实战开发。

任务准备

知识与技能目标

在本次任务中，需要掌握以下知识与技能：

（1）运用 HTML 构造网页框架，编写网页。

任务准备工作

（2）运用 CSS 技术实现网页布局，完善模块功能编写。

（3）实现 JavaScript 轮播图功能。

任务思考

小茹同学开始思考完成首页的必备条件，确定了以下准备工作：

（1）选定首页中的文字新闻和图片素材。

（2）确定 DIV+CSS 布局。

（3）确定 CSS 样式。

（4）确定轮播图。

任务分解

小茹与组员们讨论后，将"党史学习教育网"首页制作分为以下 3 个步骤：

（1）编写 HTML 代码，实现网页首页和后台网页。

（2）编写 CSS 代码，美化网页，实现网页相互切换。

（3）编写 JS 脚本，实现轮播图效果。

任务实施

步骤 1：编写 HTML 代码，实现网页首页和后台网页。

步骤 1-1：编写头部（head）代码。引入相应的 CSS 文件，共 3 个（在 CSS 目录下完成新建，命名为 index、init、public）。操作方法有两种：先创建后引入、先引入后创建。这里采用先引入后创建的方法，注意路径要准确。

知识链接：DOCTYPE 的作用在于保证文档完成正常读取，<head> 标签可以定义文档的标题，同时也具有引用样式和脚本的作用。

```
1    <!DOCTYPE html>
2    <html lang="en">
3    <head>
4        <meta charset="UTF-8">
5        <title>欢迎来到党史学习教育网</title>
6        <!-- 关键字 -->
7        <meta name="keywords" content />
8        <link rel="stylesheet" href="../css/index.css">
9        <link rel="stylesheet" href="../css/init.css">
10       <link rel="stylesheet" href="../css/public.css">
11   </head>
```

步骤 1-2：编写网页的主体（body）代码。首先编写整个页面的标题，<h1></h1> 标签之间的内容就是标题。类名 ph_top 的 <div> 标签是该功能的容器标签。

知识链接：<body> 标签的内容是文档的主体，用户看到的内容都是在 body 内编写的。

```
12   <body>
13       <div class="main">
14           <!-- 网站名称模块 -->
15           <div class="ph_logo">
16               <div class="logo">
17   
18               </div>
19           </div>
20           <!-- 大图 -->
21           <div class="ph_top">
```

```
22          <h1>
23              <a href="index.html" title="党史学习">党史学习</a>
24          </h1>
25      </div>
```

步骤1-3：编写"导航栏"的代码。注意，相应的类名起名要有意义，标签结构不错乱，标签要有嵌套缩进。

```
26      <!-- 导航栏 -->
27      <div class="ph_nav">
28          <div class="w1200">
29              <ul class="ph_nav_ul">
30                  <li class="ph_nav_index">
31                      <a href="index.html">重要论述</a>
32                  </li>
33                  <li class="ph_nav_li">红色资料
34                      <ul class="ul">
35                          <li><a href="red-1.html">纪念馆</a></li>
36                          <li><a href="red-2.html">画展宣传</a></li>
37                      </ul>
38                  </li>
39                  <li class="ph_nav_li">新闻要论
40                      <ul class="ul">
41                          <li><a href="news.html">要闻要论</a></li>
42                      </ul>
43                  </li>
44              </ul>
45          </div>
46      </div>
47  </div>
```

步骤1-4：编写"轮播图"和"新闻"部分HTML代码。注意，若HTML代码结构错乱，则容易出现运行缺陷，请务必认真检查。

```
48      <!-- 轮播图 + 新闻 -->
49      <div class="w1200 ph_p1Con">
50          <div class="col-1 fl">
51              <div id="focus">
52                  <div id="btn-left">&lt;</div>
53                  <div id="btn-right">&gt;</div>
54                  <ul id="btn-group">
55                      <li class="act">1</li>
56                      <li>2</li>
57                      <li>3</li>
58                      <li>4</li>
59                  </ul>
60                  <div id="imglist">
61                      <img src="../images/轮播图1.jpg" />
62                      <img src="../images/轮播图2.jpg" />
63                      <img src="../images/轮播图3.jpg" />
64                      <img src="../images/轮播图4.png" />
65                  </div>
66              </div>
67          </div>
```

步骤1-5：编写"新闻功能"的代码，同样注意代码缩进。

```
68          <div class="col-2 fr">
69              <h2>喜迎党庆百年 志学光荣党史</h2>
70              <ul>
71                  <li><a href="#">勇于担当践初心——致全省高校优秀党员先进事迹</a></li>
72                  <li><a href="#">职教事业急先锋——举办"不忘初心牢记使命"专题教育</a></li>
73                  <li><a href="#">开展"传承光荣遗址"党史教育实践活动</a></li>
74                  <li><a href="#">组织"红色专题"报告会</a></li>
75                  <li><a href="#">举办"党史学习教育"知识竞赛</a></li>
76              </ul>
77          </div>
78      </div>
```

步骤1-6：编写"过渡效果"的代码，插入过渡所需要的图片。

```
79      <!-- 过渡效果 -->
80      <div class="guodu">
81          <img src="../images/过渡.png">
82      </div>
```

步骤1-7：编写"参观类新闻介绍"的代码，插入人物图片，这里图片路径为相对路径。

```
83      <!-- 参观类新闻介绍 -->
84      <div class="w1200 famous">
85          <a class="text" href="../html/personage.html">
86              <div class="img">
87                  <img src="../images/陕甘边革命纪念馆.jpg">
88              </div>
89              <div class="desc">
90                  <h3>陕甘边革命纪念馆</h3>
91                  <p>    以照金为中心的陕甘边革命根据地，是中国北方第一块山区革命根据地，为西北革命根据地的发展奠定了基础，积累了经验，踊跃出一批革命先辈。
92                  </p>
93              </div>
94          </a>
95          <a class="text">
96              <div class="img">
97                  <img src="../images/西安事变.jpg">
98              </div>
99              <div class="desc">
100                 <h3>西安事变纪念馆</h3>
101                 <p>    全国首批百个爱国主义教育示范基地，"西安事变"发生后，中共中央派人组成代表团赴西安，就住在此旧址，与张学良、杨虎城二位将军确立了和平解决"西安事变"的方略。
102                 </p>
103             </div>
104         </a>
105     </div>
```

步骤1-8：编写"底部"的代码并引入"轮播图"的JS文件。JS文件同样在对应的目录下完成新建。注意，引入的文件路径要正确。

```
106     <!-- 底部 -->
107     <div class="footer_bg">
108         <div class="container"
```

```html
109            <div class="row  footer">
110                <div class="copy text-center">
111                    <img alt="">
112                    <p>
113                      <span>
114                         欢迎您来到党史学习教育网<br>
115                         地址：西安市鄠邑区人民路8号  <br>
116                         建设与运维：尚云公司技术部<br>
117                         手机号码：158××××9875<br>
118                         版权所有© ×××× 陕ICP备0800××××号
119                      </span>
120                    </p>
121                </div>
123            </div>
124        </div>
125    </div>
126 </body>
127 <!-- 引入轮播图js文件 -->
128 <script  src="../js/animation.js"></script>
129 </html>
```

步骤1-9：完成以上编码工作后就可以运行了。在 Firefox 浏览器上运行即可看到所编写的 HTML 效果，如图1-2-4所示。

图1-2-4　HTML完成后的效果图

至此，首页 HTML 结构已经完成搭建，让我们继续完成后续的任务。

在 HMTL 目录中创建名为 personage 的 HTML 文件，同时与 index.html 一样分别引入 CSS 文件 init、introduce（在 CSS 目录下新建该文件）、public，完成 personage.html 的代码编辑。

```html
1   <!DOCTYPE html>
2   <html lang="en">
3   <head>
4     <meta charset="UTF-8">
5     <meta name="viewport" content="width=device-width, initial-scale=1.0">
6     <title>陕甘边革命纪念馆</title>
7     <link rel="stylesheet" href="../css/init.css">
8     <link rel="stylesheet" href="../css/introduce.css">
9     <link rel="stylesheet" href="../css/public.css">
10  </head>
11  <body>
12      <!-- 网站名称模块 -->
13      <div class="ph_logo">
14        <div class="logo">
15
16        </div>
17      </div>
18      <!-- 学习党史图片 -->
19      <div class="ph_top">
20        <h1>
21          <a href="index.html" title="党史学习">党史学习</a>
22        </h1>
23      </div>
24      <!-- 导航栏 -->
25      <div class="ph_nav">
26        <div class="w1200">
27          <ul class="ph_nav_ul">
28            <li class="ph_nav_index">
29              <a href="index.html">重要论述</a>
30            </li>
31            <li class="ph_nav_li">红色资料
32              <ul class="ul">
33                <li><a href="red-1.html">纪念馆</a></li>
34                <li><a href="red-2.html">画展宣传</a></li>
35              </ul>
36            </li>
37            <li class="ph_nav_li">新闻要论
38              <ul class="ul">
39                <li><a href="news.html">要闻要论</a></li>
40              </ul>
41            </li>
42          </ul>
43        </div>
44      </div>
45      <!-- 新闻内容部分 -->
46      <div class="w1200">
47        <div class="rt">
48          <div class="text">
49            <h1>"铭记历史 传承红色基因"主题党日活动——参观陕甘边革命根据地照金纪念馆</h1>
50            <!-- 新闻头部 -->
51            <div class="news_header" style="text-align:center; font-size: 16px; margin: 10px auto;">
```

```
52                    <a href="#">党史学习教育网一校园日报</a>
53                         2021年05月30日17:10
54                    </div>
55                    <p>
56                         2021年5月30日，计算机学院学生党支部组织开展"铭记历史 传承红色基因"主题
                    党日活动，全体党员参观了陕甘边革命根据地照金纪念馆。
57                    </p>
58                    <input type="image" src="../images/陕甘边革命纪念馆.jpg" />
59                    <p>陕甘边革命根据地照金纪念馆位于陕西省铜川市耀州区照金镇，建筑面积6500
                    平方米，是一个进行爱国主义和革命传统教育的主阵地。20世纪30年代初，刘志丹、
                    谢子长、习仲勋等百余位老一辈无产阶级革命家在照金浴血奋战，历经千难万险创建
                    了以照金为中心的陕甘边革命根据地，形成彰显共产党人本色的照金精神。照金纪念
                    馆通过大量的历史资料、图片、文物展现出先辈们创建根据地的艰难历程与革命事件。
60                    </p>
61                    <p>在参观过程中，同学们仿佛来到了硝烟弥漫的革命岁月，深切地认识并感受到
                    照金精神的力量与伟大。照金精神是延安精神的重要起源和组成部分，也是中国共
                    产党人红色基因和精神族谱的重要组成部分，其主要内涵是：忠诚于党，矢志不移
                    的坚定信念；不怕牺牲、顽强拼搏的英雄气概；独立自主、开拓进取的创新勇气；
                    从实际出发、密切联系群众的工作作风。
62                    </p>
63                    <p>
64                         通过此次参观学习，同学们表示将牢记革命先辈为我们留下的宝贵精神财富——
                    照金精神，倍加珍惜这来之不易的新时代，刻苦学习、积极工作、锐意进取，为
                    祖国的繁荣发展贡献自己的力量！
65                    </p>
66                    <div style="float: right; font-size: 16px;">（记者：郭柏良，编辑：郭柏良）</div>
67                </div>
68            </div>
69        </div>
70        <!-- 底部 -->
71        <div class="footer_bg">
72            <div class="container">
73                <div class="row  footer">
74                    <div class="copy text-center">
75                        <img alt="">
76                        <p>
77                            <span>
78                                欢迎您来到党史学习教育网<br>
79                                地址：西安市鄠邑区人民路8号  <br>
80                                建设与运维：尚云公司技术部<br>
81                                手机号码：158××××9875<br>
82                                版权所有©××××陕ICP备0800××××号
83                            </span>
84                        </p>
85                    </div>
86                </div>
87            </div>
88        </div>
89    </body>
90 </html>
```

personage.html 运行后效果如图1-2-5所示。

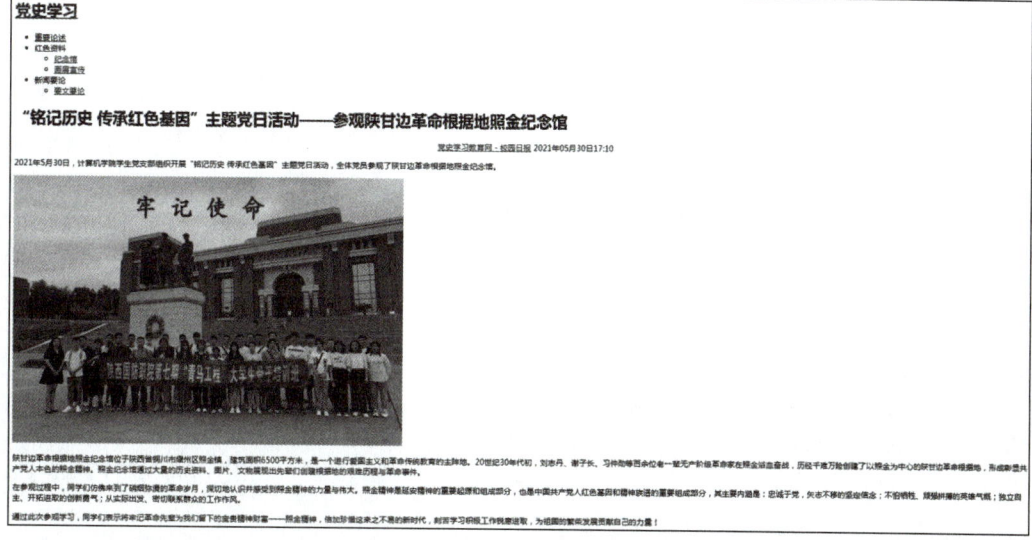

图 1-2-5 "陕甘边革命根据地照金纪念馆" HTML 效果

当前的布局看上去很乱，这是因为以上两个页面还没有进行 CSS 样式的美化。作为初学者的你，难免会产生"天呐，这后面的代码该怎么写"这样的想法。老师要告诉你：学习本就是一个持续挑战自我的过程，只要继续努力、迎难而上，就能百尺竿头更进一步！

步骤 2：编辑 CSS 代码，美化网页，实现网页相互切换。

步骤 2-1：清除常用标签默认样式。

```
1   /* 把所有标签的内外边距清零 */
2   * {
3       margin: 0;
4       padding: 0;
5       box-sizing: border-box;
6   }
7   /* em 和 i 斜体的文字不倾斜 */
8   em,
9   i {
10      font-style: normal;
11  }
12  /* 去掉li 的小圆点 */
13  li {
14      list-style: none;
15  }
```

步骤 2-2：图片与按钮初始化。

```
16  img {
17      border: 0;       /* 照顾低版本浏览器，如果图片外面包含了链接，会有边框的问题 */
18      vertical-align: middle;  /* 取消图片底侧有空白缝隙的问题 */
19  }
20  button {
21      cursor: pointer;      /* 当鼠标经过button 按钮的时候，鼠标变成小手形状*/
22  }
```

步骤 2-3：编辑超链接标签、按钮文字样式。

```
23  a {
24      color: #666;
25      text-decoration: none;
```

```css
26    }
27    a:hover {
28        color: #c81623;
29    }
30    button,
31    input {
32        /* \5B8B\4F53 就是宋体的意思，这样浏览器兼容性比较好 */
33        font-family: Microsoft YaHei, Heiti SC, tahoma, arial, Hiragino Sans GB, "\5B8B\4F53", sans-serif;
34    }
```

步骤 2-4：完成 body 字体的设置。

```css
35    body {
36        -webkit-font-smoothing: antialiased;         /* CSS3 抗锯齿形，让文字显示得更加清晰 */
37        background-color: #fff;
38        font: 12px/1.5 Microsoft YaHei, Heiti SC, tahoma, arial, Hiragino Sans GB, "\5B8B\4F53", sans-serif;
39    }
40    .hide,
41    .none {
42        display: none;
43    }
```

步骤 2-5：完成清除浮动工作（清除浮动内容会在任务 5 详细介绍）。

```css
44    /* 清除浮动 */
45    .clearfix:after {
46        visibility: hidden;
47        clear: both;
48        display: block;
49        content: ".";
50        height: 0;
51    }
52    .clearfix {
53        *zoom: 1
54    }
55    div {
56        margin: 0 auto;
57        text-align: left;
58        font: normal 12px/180% \5FAE\8F6F\96C5\9ED1;
59    }
```

编辑 introduce.css 文件。

```css
1    body{
2        background-color: rgb(255,255,255);
3        height: 1500px;
4    }
5    /* 容器样式 */
6    .lt{
7        width: 245px;
8        height: 425px;
9        float: left;
10       background-color: rgb(247,247,247);
11   }
12   /* 新闻内容 */
13   .rt{
14       width: 925px;
```

```
15        background-color: rgb(241,241,241);
16        margin: 0 auto;
17    }
18    /* 文字介绍样式 */
19    .rt .text{
20        width: 820px;
21        line-height: 35px;
22        color: #000000;
23        padding: 30px 0;
24    }
25    .text h1{
26        text-align: center;
27        line-height: 65px;
28        font-weight: normal;
29        font-size: 38px;
30        margin: 5px auto 15px auto;
31    }
32    .rt p{
33        text-indent: 2em;
34        font-size: 14px;
35    }
```

编辑 public.css 文件，完成公共模块样式。

步骤 2-6：设置宽 1200px、高 1000px 的代码，定义好容器标签样式。

```
1    .w1200{
2        width: 1200px;
3        overflow: hidden;        /* 清除浮动 */
4    }
5    .w1000{
6        width: 1000px;
7        overflow: hidden;
8    }
9    .fr{
10       float: right;             /* 让其右浮动 */
11   }
12   .fl{
13       float: left;              /* 让其左浮动 */
14   }
15   .main{
16       width: 100%;
17       min-width: 1280px;        /* 设置最小宽度为1280px，否则缩放的时候可能会影响布局 */
18   }
19   /* 网站名称模块 */
20   .ph_logo{
21       width: 100%;
22       height: 150px;
23       background-color: #ab0202;
24       border-bottom:2px solid #FFDCAB;
25   }
26
27   .ph_logo .logo{
28       width: 50%;
```

```css
29      height: 150px;
30      float: left;
31      background-image: url(../images/logo.png);
32      background-repeat: no-repeat;
33      background-position: center;
34      cursor: pointer;
35  }
```

步骤2-7：做 SEO 优化，目的是让网站能被推送到前排显示。

知识链接：SEO（Search Engine Optimization），即搜索引擎优化。

```css
36  /* 大图模块 */
37  /* SEO优化 */
38  .ph_top a{
39      display: block;              /* 将a转化为块级元素，否则设置的宽高不生效 */
40      width: 100%;
41      height: 300px;
42      background: url(../images/标题.jpg) no-repeat;    /* 链接背景图片 */
43      background-position: 0 -50px;
44      background-size: 100%;       /* 设置背景图片的大小，100%的含义是让其与父级元素的宽
                                         保持一致*/
45      /* 为了被搜索引擎收录，链接里面要放文字（网站名称），但是文字不要显示出来 */
46      text-indent: -9999px;
47      overflow: hidden;
48  }
```

步骤2-8：导航栏模块的代码编写。

```css
49  /* 导航栏 */
50  .ph_nav{
51      height: 77px;
52      background-color: #ba261a;   /*设置背景颜色*/
53  }
54  .ph_nav .ph_nav_ul .ph_nav_index a,.ph_nav .ph_nav_ul .ph_nav_li{
55      position: relative;          /* 子绝父相 */
56      float: left;                 /* 让其左浮动 */
57      font-size: 25px;             /* 设置字体大小 */
58      line-height: 77px;           /* 设置行高 */
59      width: 430px;
60      text-align: center;          /* 让文字水平居中显示 */
61      cursor: pointer;             /* 让其光标呈现为指示链接的指针（一只小手）*/
62      color: #ffdcab;              /* 设置字体颜色 */
63  }
64  .ph_nav_li .ul{
65      display: none;               /* 先让.ul不显示，等到鼠标经过的时候再让其显示 */
66      width: 200px;
67      position: absolute;          /* 给其加上绝对定位 */
68      /* 根据它的父级元素调整.ul的位置 */
69      left: 260px;
70      top: 0;
71  }
```

步骤2-9：导航栏内——二级菜单样式编写。

```
72      /* 菜单内子菜单样式 */
73      .ph_nav_li .ul li{
74          float: left;
75          width: 90px;
76          font-size: 16px;
77          text-align: center;
78      }
79      .ph_nav_li .ul li a{
80          color: #ffdcab;
81      }
82      .ph_nav_li .ul li a:hover{
83          color: #ffffff;
84      }
```

步骤2-10：完成鼠标移入时，导航栏出现"小三角"效果的代码。

```
85      /* 鼠标经过.ph_nav_li时，让小三角（.ul）显示出来 */
86      .ph_nav_li:hover .ul{
87          display: block;
88      }
89      /* 这里用到伪元素做出小三角 */
90      .ph_nav_li::after{
91          content: "";              /* 这里的content必须要写，不写这个属性代码不生效 */
92          width:0;
93          height:0;
94          /* 先将其右边框和左边框的高都设置成10px，让其颜色变成透明 */
95          border-right:10px solid transparent;
96          border-left:10px solid transparent;
97          border-top:10px solid red;    /*再将上边框颜色设置为红色，这样就能得到一个倒三角*/
98          display: inline-block;    /*伪元素默认为行内元素，没有宽高，这里将它变为行内块元素*/
99      }
```

步骤2-11：鼠标经过小三角时再将其变为右三角的代码编写。

```
100     /* 鼠标经过小三角时再将其变为右三角，原理同上 */
101     .ph_nav_li:hover::after{
102         content: "";
103         width:0;
104         height:0;
105         border-top:10px solid transparent;
106         border-bottom:10px solid transparent;
107         border-left:10px solid red;
108         display: inline-block;
109         transition-duration: 0.5s;       /*让过渡效果持续0.5s，使过渡不显得那么生硬*/
110     }
```

步骤2-12：最底部CSS样式编写。

```
111     /* 底部功能样式 */
112     .footer_bg {
113         width: 100%;
114         height: 150px;
115         background: #ba261a;
116     /* 页脚圆角修饰 */
```

```
117      border-top-left-radius: 15px;
118      border-top-right-radius: 15px;
119   }
120   .footer {
121      padding: 0;
122   }
123   .copy p {
124      margin: 0;
125      margin-top:-10px;
126      color: #ffffff;
127      font-size: 14px;
128      height: 130px;
129      line-height: 1.8em;
130      text-align: center;
131   }
```

最后完成属于首页的样式，编辑 index.css 文件。

步骤 2-13：设置"轮播图"和"新闻"模块距离页面顶端的距离和颜色。

```
1   /* 轮播图 + 新闻 */
2   .ph_p1Con{
3    margin-top: 30px;
4    background-color: #f5f5f7;
5   }
6   /* 轮播图模块 */
7   .ph_p1Con .col-1{
8      width: 550px;
9   }
```

步骤 2-14：设置轮播图容器样式。

```
10   #focus{
11      width: 620px;
12      height: 340px;
13      border: 1px solid #000000;        /*设置外边框为1px，实线，颜色为#000000*/
14      position: relative;
15      top: 0px;
16      left: 0px;
17      overflow: hidden;
18   }
```

步骤 2-15：设置轮播图样式和按钮组容器样式。

```
19   #focus img{
20      width: 620px;
21      height: 340px;
22      position: absolute;
23      left: 0;
24      top: 0;
25   }
26   #btn-group{
27      list-style: none;
28      margin: 0;
29      padding: 0;
```

```
30        position: absolute;
31        right: 10px;
32        bottom: 10px;
33        z-index: 9;    /*设置元素的堆叠顺序。拥有更高堆叠顺序的元素总是会处于堆叠顺序较低
                         元素的前面*/
34    }
```

步骤2-16：编写轮播图按钮代码。

```
35    #btn-group li{
36        float: left;
37        padding: 3px 12px;
38        background-color: rgba(255,255,255,0.6);
39        cursor: pointer;
40        margin-left: 5px;
41    }
42    #btn-group li.act , #btn-group li:hover{
43        background-color: rgba(0,0,0,0.6);
44        color: white;
45    }
```

步骤2-17：编写轮播图左右箭头公共部分的代码。

知识链接：公共样式的代码写在一起会减少代码量。

```
46    #btn-left,#btn-right{
47        position: absolute;
48        z-index: 9;
49        top: 140px;
50        color: rgba(255,255,255,0);
51        font-size: 30px;
52        font-weight: bold;    /*字体加粗*/
53        background-color: rgba(0,0,0,0);
54        padding: 5px 10px;    /*调整内边距，这两个所对应的分别为上下、左右*/
55    }
```

步骤2-18：编写轮播图左右箭头独立样式的代码。

```
56    #btn-left{
57        left: 0;
58    }
59    #btn-right{
60        right: 0;
61    }
62    #focus:hover #btn-left,
63    #focus:hover #btn-right{
64        color: rgba(255,255,255,0.6);
65        background-color: rgba(0,0,0,0.4);
66        cursor: pointer;
67    }
```

步骤2-19：编写新闻模块标题样式。

```
68    /* 新闻模块 */
69    .ph_p1Con .col-2{
70        width: 480px;
```

```
71        margin-top: 20px;
72    }
73    .ph_p1Con .col-2 h2{
74        font-size: 25px;
75        margin-bottom: 30px;
76        color: #8b0000;
77    }
```

步骤2-20：新闻主体部分代码。

知识链接：<li></li> 标签前面加小红点的功能可以利用伪元素的方法来实现。

```
78    .ph_p1Con .col-2 ul{
79        margin-top: 15px;
80    }
81    .ph_p1Con .col-2 ul li a::before{
82        content: "";
83        display: inline-block;
84        width: 6px;
85        height: 6px;
86        border-radius: 50%;
87        background-color: #ba261a;
88        margin: 2px 7px;
89    }
```

步骤2-21：新闻主体内容样式设置。

```
90    .ph_p1Con .col-2 ul li{
91        font-size: 18px;
92        line-height: 50px;
93        overflow: hidden;
94        text-overflow: ellipsis;      /*显示省略符来代表被修剪的文本*/
95        white-space: nowrap;          /*不换行显示*/
96    }
97    .ph_p1Con .col-2 ul li a:hover{
98        text-decoration: underline;   /*鼠标经过时让其加上下划线*/
99    }
```

步骤2-22：网页中间部分过渡图片代码编写。

```
100   /* 过渡 */
101   .guodu{
102       width: 65%;
103   }
104   .guodu img{
105       margin: 25px 0;
106       width: 100%;
107       height: 100px;
108   }
```

步骤2-23：此处"参观类新闻"代码编写用到的是flex布局，同学们也可以利用float布局自行尝试编写，相信大家一定可以成功的。

知识链接：flex布局是flex-grow、flex-shrink和flex-basis属性的简写。

（1）flex-grow：剩余空间分配。默认值为0，不分配。

例如，父元素为 400px，子元素 A 为 100px，子元素 B 为 200px，则剩余空间为 100px。此时 A 元素的 flex-grow 为 1，B 元素为 2，则 AB 两元素分配的实际空间为：A=100px+100×1/3，B=200px+100×2/3。

（2）flex-shrink：用于缩小超出的空间。

例如，父元素为 400px，子元素 A 为 200px，子元素 B 为 300px，则 AB 两元素总宽度超出父元素 100px。如果 A 元素不减少，设置 flex-shrink：0 后 B 元素减少。

（3）flex-basis：用来设置元素的宽度。width 也可以用来设置元素的宽度，如果同时设置了 width 和 flex-basis，则 flex-basis 会覆盖 width 值。

```
109     /* 参观新闻介绍 */
110     .famous{
111         display: flex;
112         flex-wrap: wrap;/*让弹性盒元素在必要的时候折行显示*/
113     }
114     .famous .total{
115         display: block;
116     }
117     .famous .text{
118         flex: 1 0 33.3%;
119         display: flex;
120         cursor:default;
121     }
```

步骤 2-24：参观新闻图片样式编写。

```
122     .famous .text .img{
123         width: 170px;
124         height: 240px;
125         margin: 15px;
126     }
127     .famous .text .img img{
128         height: 100%;
129         flex: 1;
130     }
```

步骤 2-25：新闻文字描述代码编写。

```
131     .famous .text .desc{
132         padding-top: 30px;
133         margin-left: 200px;
134         flex: 1;
135     }
136     .famous .text .desc h3{
137         font-size: 20px;
138         margin: 20px 0 10px;
139     }
```

至此，CSS 样式"美容"效果已经达到，如图 1-2-6 至图 1-2-8 所示。怎么样？是不是前后效果对比很惊人。小茹编写完成后脸上洋溢着微笑。没错，这就是 CSS 的强大之处。

大家盯着轮播图仔细看看，有没有发现轮播图还不会动。接下来完成步骤 3，就能让它动起来了。

图 1-2-6　首页效果 1

图 1-2-7　首页效果 2

图 1-2-8　"陕甘边革命根据地照金纪念馆"页面效果

步骤 3：编写 JS 脚本，实现轮播图效果。

步骤 3-1：在 JS 文件夹下，新建 animation.js，进行 JavaScript 编程。获取轮播图 DOM 元素。

```
1    // 获取图片列表
2    var arrImg = document.getElementById('imglist').children;
3    // 获取序号组
4    var arrBtn = document.getElementById('btn-group').children;
5    // 定义初始图片索引及相关变量
6    var imgIndex = 0, oldImg, newImg, num, $readyTimeout, $bbTimeout;
7    ready();
```

步骤 3-2：利用 ready() 这个方法，先准备两张图片。

```
8    // 运动前准备两张图的方法
9    function ready() {
10       oldImg = arrImg[imgIndex];           //取一张旧图
11       imgIndex++;
12       if (imgIndex > arrImg.length - 1) {  //当图片索引自增至大于最大索引时，索引值设置为0
13           imgIndex = 0;
14       }
15       newImg = arrImg[imgIndex];           //取一张新图
16       oldImg.style.left = 0;               //设置旧图的初始位置
17       oldImg.style.zIndex = "2";
18       newImg.style.zIndex = "2";
19       newImg.style.left = "620px";         //将新图设置预轮播位置
20       num = 0;//初始化运动值
21       clearTimeout($readyTimeout);         //当重新调用ready方法时，需要清除一次ready计时器，避
                                              //  免计时器重叠产生bug
22       $readyTimeout = setTimeout(function () {
23           move();
24           setSelected();
25       }, 5000);
26   }
```

步骤 3-3：定义 move() 方法，通过改变位置让图片运动，同学们可要好好尝试哦。

```
27   // 图片轮播方法
28   function move() {
29       num += 5;
30       oldImg.style.left = -num + 'px';
31       newImg.style.left = 620 - num + 'px';
32       if (num < 620) {                     //图片没有轮播完时，持续调用自身进行轮播
33           $bbTimeout = setTimeout('move()', 13);
34       } else {                             //当图片完全轮播完时，调用ready()方法，准备下一次轮播
35           ready();
36       }
37   }
```

步骤 3-4：鼠标单击图片序号，实现切换图片的功能。

```
38   // 单击序号，切换图片
39   for (var i = 0; i < arrBtn.length; i++) {
40       arrBtn[i].onclick = function () {
41           clearTimeout($bbTimeout);        //当单击序号按钮或左右按钮时，均需清除一次move计时器
42           oldImg.style.left = 0;
43           newImg.style.left = 0;
```

```
44        oldImg.style.zIndex = "1";
45        newImg.style.zIndex = "1";
46        imgIndex = Number(this.innerHTML) - 1;//更新当前图片索引值
47        setSelected();
48        ready();
49      }
50    }
```

步骤3-5：当鼠标单击下标后，虽然图片被切换了，却发现下标的数字还是停留在原处，这部分的代码就是让下标随着图片联动起来。

```
51  // 序号跟随图片
52  function setSelected() {
53    for (var i = 0; i < arrBtn.length; i++) {
54      if (i == imgIndex) {
55        arrBtn[i].className = 'act';
56      } else {
57        arrBtn[i].className = '';
58      }
59    }
60  }
```

步骤3-6：单击右箭头，实现图片的切换。

```
61  // 单击"→"方向触发事件并处理
62  document.getElementById('btn-right').onclick = function () {
63    clearTimeout($bbTimeout);
64    oldImg.style.left = 0;
65    newImg.style.left = 0;
66    oldImg.style.zIndex = "1";
67    newImg.style.zIndex = "1";
68    setSelected();
69    ready();
70  }
```

步骤3-7：单击左箭头，实现图片的切换。

```
71  // 单击"←"方向触发事件并处理
72  document.getElementById('btn-left').onclick = function () {
73    clearTimeout($bbTimeout);
74    oldImg.style.left = 0;
75    newImg.style.left = 0;
76    oldImg.style.zIndex = "1";
77    newImg.style.zIndex = "1";
78    // 运动时，单击"←"要-1
79    if (num != 0) {
80      imgIndex--;
81      if (imgIndex < 0) {
82        imgIndex = arrImg.length - 1;
83      }
84      console.log(imgIndex)
85    }
86    // 静止时，单击"←"要-2
87    if (num == 0) {
88      imgIndex -= 2;
89      if (imgIndex < 0) {
90        imgIndex = imgIndex + arrImg.length;
91      }
```

```
92      }
93      setSelected();
94      ready();
95  }
```

至此,实现了轮播效果,如图1-2-9所示。有没有更上一层楼的感觉?跟随着小茹的学习步伐,你会发现自己欠缺的知识还很多。这就是老师常说的学无止境,今后大家要继续保持好奇心,不断地探索和实践。

图 1-2-9　首页轮播图效果

任务评价

任务要求:提交首页代码包。

考核方式:学生互评,教师点评。

评价标准:任务评价表,见表1-2-4。

表 1-2-4　任务评价表

任务名称:"党史学习教育网"首页制作	任务承接人: 交付日期:		
项目要求	评价标准		成绩
HTML 结构完整(30分)	1. 页面布局合理,代码有缩进,且类名有意义(10分) 2. 页面效果无明显错乱(20分)		
CSS 样式代码部分(40分)	1. CSS 选择器使用正确,代码有缩进(15分) 2. CSS 样式功能完成(15分) 3. CSS 代码有新尝试(10分)		
图文功能完善(30分)	1. 逻辑清晰,页面内容模块区分合适(10分) 2. 轮播图功能实现,无bug(20分)		
总分			
评价人	评价级别(√)		备注
个人	□优秀　□良好　□合格　□不合格		
老师	□优秀　□良好　□合格　□不合格		

拓展训练

一、选择题

1. 关于行内块元素，下列说法中正确的是（ ）。
   A．会独占一行，宽度自动填满其父元素宽度
   B．没有自己的独立空间，依附于其他块级元素存在
   C．不会独占一行，相邻的行内元素会排列在同一行里，直到一行排不下才会换行，其宽度随元素的内容而变化
   D．不可以设置 width 和 height 属性

2. 以下说法中错误的是（ ）。
   A．用伪元素写小三角案例时必须要加 content 属性，否则不生效
   B．z-index 属性设置元素的堆叠顺序。拥有更高堆叠顺序的元素总是会处于堆叠顺序较低的元素的前面
   C．overflow: hidden 溢出后的内容仍然会占位置
   D．绝对定位的元素相对于根元素定位（<html>），前提是它的父元素或祖先元素没有定位属性

3. 关于 flex 布局，下列说法错误的是（ ）。
   A．可以简便、完整、响应式地实现各种页面布局
   B．行内块元素不可以指定为 flex 布局
   C．flex-direction 属性决定主轴的方向
   D．设为 flex 布局以后，子元素的 float、clear 和 vertical-align 属性将失效

二、判断题

1. margin:10px 20px 指的是上边距和右边距为 10px，下边距和左边距为 20px。（ ）
2. ul 为有序列表，ol 为无序列表。（ ）
3. flex 布局必须要设置行高。（ ）

任务4 构建注册登录模块

任务导入

完成"党史学习教育网"首页功能后，小茹同学很有成就感。但她意识到，自己平时想要进入教务系统选课或查询考试成绩时，总是先要填写用户名和密码，通过身份验证后才能登录到系统，而"党史学习教育网"还没有实现注册登录功能。可是想要实现注册登录功能该掌握哪些技术呢？在刘老师的指导下，小茹同学再次投入到紧张而充实的开发工作中。

学习目标

- 了解表单控件作用。

- 能够实现基本的表单。
- 掌握表单多种类型控件的使用。
- 熟练运用表单控件常用属性。
- 运用 jQuery 实现表单验证。

任务描述

"党史学习教育网"的注册登录功能可以先运用 HTML+CSS 来实现相应界面，再进一步实现表单验证功能。此功能在企业的开发工作中有重要作用，也是用户端与服务器端实现数据交互的必要环节。

表单是客户端与服务器端实现数据交互的重要桥梁，因此本章内容也为数据交互阶段奠定了基础。表单控件可以用来收集用户在客户端提交的各种数据，用户可以在网站上提交个人注册信息，以表单作为数据载体将数据请求发送到服务器端（通常采用 post 传输方式）。

前导知识

正所谓"拳不离手，曲不离口"，必要的练习是完成任务的基础，我们先来跟着小茹进行下面的练习。

1. 启动 HBuilderX 编辑器

在项目 Party history study 中新建 HTML 页面并命名为 test 后，步骤如下：
（1）在 <HTML> 标签中，输入 form，生成 <form> 标签。
（2）在 <form> 标签内部输入 input，生成 <input> 标签。
（3）生成的 <input> 标签内 type 属性值设置为 text。

2. 修改并保存

完成上述内容后，继续以下步骤：
（1）在生成的 <input> 标签之前输入文本信息"用户名："。
（2）将 <input> 标签（type=submit）的 value 属性值设置为"注册"。
（3）按 Ctrl+S 组合键保存代码。
（4）按 Ctrl+R 组合键运行代码。

完成上述任务后，使用同样的方法依次实现"单选框""复选框""上传功能""下拉菜单""文本域"等常用控件内容，其中前三项功能均为 input 控件。可参考表 1-2-5 和表 1-2-6 来实现相应功能，实现效果如图 1-2-10 所示。

表单介绍 + jquery 简单运用

【爱动脑】
请思考：form 标签内的 action 属性和 method 属性分别代表什么含义？

【举一反三】
若要实现"密码"输入框，修改属性值 type=password 即可。

表 1-2-5 input 控件属性

属性	属性取值	描述
type	text	文本输入框
	password	密码输入框
	radio	单选按钮
	checkbox	多选按钮
	file	上传文件控件
	hidden	隐藏域
	button、submit、reset	普通按钮、提交按钮、重置按钮

表 1-2-6　input 常用属性

属性	属性取值	描述
name	用户自定义	当前控件名称
value	用户自定义	默认文本值
maxlength	正整数	允许输入的最多字符数
readonly	readonly	控件只读（不允许修稿）
disabled	disabled	控件不可用（灰色显示）
checked	checked	默认被选中的控件
require	require	HTML5 新增属性，不可为空

【知识提醒】
也可以在 input 控件中使用 HTML5 新属性 placeholder 以提供背景提示。

图 1-2-10　input 控件应用效果

input 属性可以实现以上控件，它已经满足大部分表单控件的应用。但对于部分功能类型，如选择"省、市、区"的下拉菜单、文本域（多行文本），它仍无法满足开发需求，因此还需要掌握其他类控件的使用，见表 1-2-7。图 1-2-11 所示为 select 控件应用效果。

【想一想】
表单的边框是如何实现的？

表 1-2-7　非 input 控件

控件名	属性取值	描述
<select>	size	指定可选项数量
	multiple	按住 Ctrl 键实现选择多项
<optgroup>	无	定义选项组，需要嵌套使用
<option>	selected	该选项被默认选中
<textarea>	col、row	文本域，可设置宽高

【动手练习】
请练习文本域的使用方法。

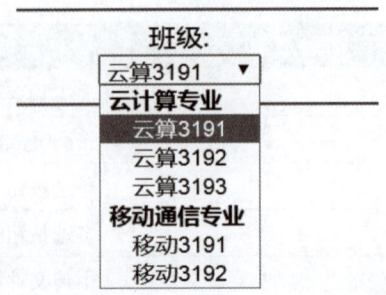

图 1-2-11　select 控件应用效果

注册登录模块还需要实现表单的验证功能。通常使用 jQuery 来验证逻辑。

jQuery 是一个 JavaScript 库，它是由 John Resig 创建于 2006 年 1 月的开源项目。它凭借着简洁的语法和跨平台的兼容性，极大简化了 JavaScript 开发人员遍历 HTML 文档、操作 DOM、处理事件、执行动画和开发 Ajax 的操作，其独特又优雅的代码风格改变了 JavaScript 程序员的设计思路和编写程序方式。简单来说：

（1）jQuery 是一个优秀的 JavaScript 库。

（2）jQuery 极大地简化了 JavaScript 编程。

（3）jQuery 很容易学习。

那么，jQuery 如何使用呢？

获取 jQuery 最新版本：可以在 jQuery 的官方网站（http://jQuery.com/）下载所需版本的 jQuery 库文件。

jQuery 库类型说明：jQuery 库的类型分为两种，分别是生产版（最小化和压缩版）和开发版（未压缩版），区别见表 1-2-8。

表 1-2-8　jQuery 库

名称	大小	描述
jQuery.js	229KB	完整无压缩版本，主要用于测试、学习和开发
jQuery.min.js	31KB	经过工具压缩，主要应用于产品和项目
jQuery-vsdoc.js	—	相当于 JS 库提供的方法的说明库，主要用于第三方 JS 自动提示的功能

我们只需要掌握简单 jQuery 的用法，习惯它的语法，方便后续应用即可。

jQuery 对象通常是以"$"开头的，例如"$a"，它调用方法时直接后接".方法名(参数)"即可，参数根据实际情况来传入。

单击 li 触发相应的操作，代码可以写成：

```
$("li").click(function(){
    //相应代码段
});
```

为了提高代码的易读性，书写代码时最好遵循如下格式要求（也就是代码的连缀写法）：

（1）同一个对象不超过 3 个操作的，可以直接写成一行。

```
$("li").show().bind("click");
```

（2）对于同一个对象的较多操作，建议每行写一个操作。

```
$(this).removeClass("change")
       .addClass("add")
       .stop()
       .fadeTo()
       .bind()
.show();
```

（3）对于多个对象的少量操作，可以每个对象写一行。如果涉及子元素，可以考虑适当的缩进。

```
$(this).addClass("highLight")
       .children("li").show().end()
       .siblings().removeClass("highLight")
       .children("li").hide();
```

【知识提醒】
jQuery 版本有很多，但版本不是越新越好。选择合适的版本是提高开发效率的关键。

【想一想】
jQuery 这么好用，我们为什么还要学习 JavaScript 呢？

【动手练习】
多多练习 jQuery 语句，熟悉 jQuery 的简洁语法，为今后的开发工作做好准备。

以上是小茹同学通过刘老师指导和自己思考所掌握的表单基础知识和 jQuery 基础知识。接下来，小茹同学要施展拳脚了——实现"党史学习教育网"的登录注册功能，并实现相应的表单验证。

任务准备

知识与技能目标

在本次任务中，我们需要掌握以下知识与技能：

（1）HTML 表单元素和其他元素的混合使用。

（2）CSS 样式，包括选择器、盒模型、浮动、定位的应用。

（3）编写脚本，即运用 jQuery 实现简单的逻辑验证。

（4）数据交互功能的实现方法。

职业素养目标

（1）细心与严谨：对于代码的编写要集中注意力，尤其是复制后要检查是否忘记改名以避免返工，养成良好的编程习惯。锻炼认真严谨的职业素质。

（2）团结协作：对于本任务中较难的 JavaScript 技术部分的运用要多交流，请教高手，学会借助外力完成任务。锻炼团队协作、沟通协调的能力。

任务思考

小茹同学开始思考界面的样式，通过项目组的研讨，确定了以下准备工作：

（1）登录和注册页面的图片素材。

（2）至少需要用户名+密码+QQ 号登录控件。

（3）编写 CSS 代码完成样式。

（4）编写 jQuery 代码实现表单验证。

老师提醒项目组要注意以下问题：

（1）运用固定结构：采用固定的 HTML 结构来实现多个功能，这会减少 CSS 样式代码量，方便维护。

（2）起名规范：在自定义起名的时候，要注意有意义的起名，这样有助于提高代码的可读性。

（3）及时调试：每写完一个功能后，应立即保存并运行代码，以便及时发现并解决问题。

任务分解

小茹组织项目组成员讨论，将"构建注册登录模块"任务细化为如下 3 个步骤：

（1）编写 HTML 代码，实现注册和登录页面。

（2）编写 CSS 样式代码，美化页面。

（3）编写 jQuery 脚本，运用 jQuery 和正则表达式完成验证逻辑。

任务实施

要点讲解

完成准备工作后，小茹开始了紧张的开发工作。接下来，让我们跟随小茹的步伐，按照所确定的 3 个步骤构建注册登录模块。

步骤 1：编写 HTML 代码，实现注册和登录页面。

步骤 1-1：编写头部（Head）代码。引入了相应的 jQuery 文件、JS 文件和 CSS 样式文件，共 3 个文件。一般先创建后引入文件。这里采用先引入后创建的方法，注意路径要准确。

知识链接：HTML 文档结构一般包括标签（Html）、头部（Head）、主体（Body）三部分。head 标签用于定义文档的头部，它是所有头部元素的容器。其中，head 元素可以引用脚本。

```
1    <html>
2    <head>
3        <!-- 网页头部信息 -->
4        <title>党史学习教育网，欢迎您！</title>
5        <!-- 设置字符集 -->
6        <meta http-equiv="Content-Type" content="text/html; charset=utf-8">
7        <!-- 引入JS文件和样式文件 -->
8        <script type="text/javascript" src="js/jquery-1.9.0.min.js"></script>
9        <script type="text/javascript" src="js/login.js"></script>
10       <link href="css/login.css" rel="stylesheet" type="text/css" />
11   </head>
```

步骤 1-2：编写网页的主体（body）代码。首先编写整个页面的标题，<h1></h1> 标签之间的内容就是标题。类名为 login 的 <div> 标签就是该功能的容器标签。

知识链接：body 元素用于定义文档的主体。用户看到的内容都是在 body 内编写的。

```
12   <body>
13   <h1>党史学习教育网，欢迎您！<sup>2021</sup></h1>
14   <div class="login" style="margin-top:50px;">
```

步骤 1-3：编写"登录注册"的头部代码。注意，相应的类名要起好，结构不要写错。

```
15       <!-- 注册登录头部HTML结构 -->
16       <div class="header">
17         <div class="switch" id="switch">
18           <a class="switch_btn_focus" id="switch_qlogin" href="javascript:void(0);" tabindex="7">
                 快速登录</a>
19           <a class="switch_btn" id="switch_login" href="javascript:void(0);" tabindex="8">快速注册</a>
20           <div class="switch_bottom" id="switch_bottom" style="position: absolute; width: 64px; left:
                 0px;"></div>
21         </div>
22       </div>
23       <div class="web_qr_login" id="web_qr_login" style="display: block; height: 235px;">
```

步骤 1-4：编写"登录功能"的代码。注意代码的缩进，这样可以提高代码的可读性。

```
24           <!--登录功能HTML结构-->
25           <div class="web_login" id="web_login">
26             <div class="login-box">
27               <div class="login_form">
28                 <form name="loginform" accept-charset="utf-8" id="login_form" class="loginForm">
                     <input type="hidden" name="did" value="0"/>
29                   <input type="hidden" name="to" value="log"/>
30                   <div class="uinArea" id="uinArea">
31                     <label class="input-tips" for="u">账号：</label>
32                     <div class="inputOuter" id="uArea">
33                       <input type="text" id="u" name="username" class="inputstyle"/>
34                     </div>
35                   </div>
36                   <div class="pwdArea" id="pwdArea">
37                     <label class="input-tips" for="p">密码：</label>
38                     <div class="inputOuter" id="pArea">
39                       <input type="password" id="p" name="p" class="inputstyle"/>
```

```html
40            <input type='password' id='lhpwd' name='lhpwd' style='display:none;'/>
41          </div>
42        </div>
43        <div style="padding-left:50px;margin-top:20px;"><input type="submit" value="登录" style="width:150px;" class="button_blue"/></div>
44      </form>
45    </div>
46  </div>
47 </div>
48 <!--登录部分结束-->
```

步骤1-5：编写"注册功能"的代码。同样要注意代码缩进。

```html
49 </div>
50 <!--注册功能HTML结构-->
51   <div class="qlogin" id="qlogin" style="display: none; ">
52     <div class="web_login">
53       <form name="form2" id="regUser" accept-charset="utf-8">
54         <ul class="reg_form" id="reg-ul">
55           <div id="userCue" class="cue">快速注册请注意格式</div>
56           <li>
57             <label for="user"  class="input-tips2">用户名：</label>
58             <div class="inputOuter2">
59               <input type="text" id="user" name="user" maxlength="16" class="inputstyle2"/>
60             </div>
61           </li>
62           <li>
63             <label for="pwd" class="input-tips2">密码：</label>
64             <div class="inputOuter2">
65               <input type="password" id="passwd"  name="passwd" maxlength="16" class="inputstyle2"/>
66               <input type='password' id='hpwd' name='hpwd' style='display:none;'/>
67             </div>
68           </li>
69           <li>
70             <label for="passwd2" class="input-tips2">确认密码：</label>
71             <div class="inputOuter2">
72               <input type="password" id="passwd2" name="" maxlength="16" class="inputstyle2" />
73             </div>
74           </li>
75           <li>
76             <label for="qq" class="input-tips2">QQ：</label>
77             <div class="inputOuter2">
78               <input type="text" id="qq" name="qq" maxlength="10" class="inputstyle2"/>
79             </div>
80           </li>
81           <li>
82             <div class="inputArea">
83               <input type="button" id="reg"  style="margin-top:10px;margin-left:85px;" class="button_blue" value="同意协议并注册"/><a href="#" class="zcxy" target="_blank">注册协议</a>
84             </div>
85           </li>
86           <div class="cl"></div>
```

87	</ul>
88	</form>
89	</div>
90	</div>
91	<!--注册功能结束-->

知识链接：此处要注意，标签一般是成双成对出现的。想一想，与第 90 行中的 </div> 相配对的 <div> 在哪一行？

92	</div>

步骤 1-6：编写推荐浏览器文本并引入相应的 JS 文件。

93	<div class="jianyi">*推荐使用IE8及以上版本的IE浏览器或Chrome内核浏览器访问本站</div>
94	</body>
95	<script src="js/jquery-form.js" type="text/javascript" charset="utf-8"></script>
96	<script src="js/jQuery.md5.js" type="text/javascript" charset="utf-8"></script>
97	<script src="js/Ajax.js" type="text/javascript" charset="utf-8"></script>
98	</html>

至此，HTML 页面就大功告成了。

回过头来看，是不是很简单？没错，编写代码就是这样的，只要动起脑、动起手来，就会体会出其中的窍门。

完成了基本的 HTML 页面开发之后，小茹按下 Ctrl+R 键来运行代码，看到页面效果（图 1-2-12）不够美观，她急忙去请教刘老师。刘老师哈哈笑道："你还没有完成相关 CSS 样式的编写，页面当然是这样子啦！"小茹得知后，马不停蹄地开始编写 CSS 样式。

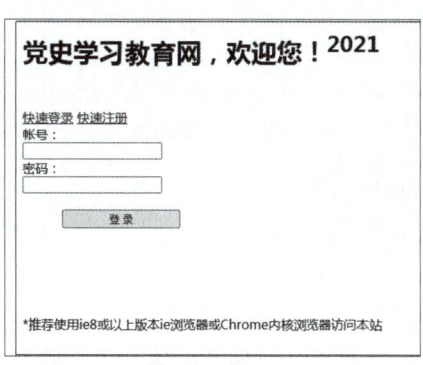

图 1-2-12　HTML 完成后的页面效果

步骤 2：编写 CSS 样式代码，美化页面。

步骤 2-1：首先在 CSS 目录下新建 login.css 文件，然后打开此文件，设置背景图片和字体格式。

1	/* 整体样式&&背景图引入 */
2	body {
3	font-family:"Microsoft Yahei";
4	font-size:12px;
5	margin:0;
6	background: #fff url(../images/1.jpg) 50% 0 no-repeat;
7	}

步骤 2-2：对于每一个项目的开发，通常需要清除 <ul> 和 <a> 等常用标签的默认样式。

8	/* 清除默认样式 */
9	ul {

```
10        padding:0;
11        margin:0;
12     }
13     ul li {
14        list-style-type:none;
15     }
16     a {
17        text-decoration:none;
18     }
19     a:hover {
20        text-decoration:none;color:#f00;
21     }
```

步骤 2-3：清除单击输入框时默认显示的边框。

```
22     /* 清除输入框获得焦点时的边框 */
23     input[type="text"]:focus, input[type="password"]:focus {
24        outline:none;
25     }
```

步骤 2-4：设置"注册登录"页面的标题样式。

知识链接：text-shadow 是文字阴影属性，是 CSS3 新增的样式。语法：text-shadow{ 水平阴影的位置 垂直阴影的位置 模糊半径 阴影颜色 }。

```
26     /* "党史学习教育网，欢迎您！"样式 */
27     h1{
28        margin:80px auto 50px auto;
29        text-align:center;
30        color:#fff;
31        margin-left:-25px;
32        font-size:35px;
33        font-weight: bold;
34        text-shadow: 0px 1px 1px #555;
35     }
```

步骤 2-5：编写整个容器的样式。

知识链接：这里要用到相对定位——position:relative; 和 margin:0 auto;，表示水平方向相对于页面居中。在注册头部样式中，要设置定位、边框的属性。

```
36     /* 登录注册容器样式 */
37     .login {
38        margin:0 auto;
39        width:370px;
40        border:2px solid #eee;
41        border-bottom:none;
42        position:relative;
43     }
44     /* 登录注册头部样式 */
45     .header {
46        height:50px;
47        border-bottom:1px solid #e2e2e2;
48        position:relative;
49        font-family:"Microsoft Yahei";
50     }
```

步骤 2-6：进一步设置头部文字的样式。

知识链接：这里加绝对定位——position:absolute;，字体为 16 像素。完成后再设置注册框的样式，-webkit- 前缀是兼容性代码写法，表示兼容于谷歌、欧朋一类内核的浏览器。box-shadow 表示盒子阴影效果。

```
51    /* 登录注册头部文字整体样式 */
52    .header .switch {
53        height:45px;
54        position:absolute;
55        left:60px;
56        bottom:0;
57        font-size:16px;
58    }
59    /* 登录注册框样式设置 */
60    .login {border:0;padding:5px 0;
61        background: #fff;
62        margin: 0 auto;
63        -webkit-box-shadow: 1px 1px 2px 0 rgba(0, 0, 0, .3);
64        box-shadow: 1px 1px 2px 0 rgba(0, 0, 0, .3);
65    }
66    /* 登录注册头部文字间距样式 */
67    .header .switch #switch_qlogin {
68        margin-right:85px;
69    }
```

步骤 2-6：当"快速登录"和"快速注册"文字栏被选中时，要有不同的样式，这样可以进一步提高页面的美观程度。

```
70    /* 快速登录&&快速注册未被选中时的样式 */
71    .header .switch .switch_btn {
72        color:#999;
73        display:inline-block;
74        height:45px;
75        line-height:45px;
76        outline:none;
77    }
78    /* 快速登录&&快速注册选中时的样式 */
79    .header .switch .switch_btn_focus {
80        color:#333;
81        display:inline-block;
82        height:45px;
83        line-height:45px;
84        outline:none;
85    }
```

步骤 2-7：加按钮底线，进一步美化页面效果。

```
86    /* 按钮底线 */
87    #switch_bottom {
88        position:absolute;
89        bottom:-1px;_bottom:-2px;
90        border-bottom:2px solid #848484;
91    }
92    /* 快速登录内容居中 */
93    .web_login .login_form {
94        width:272px;
```

```
95        margin:0 auto;
96    }
```

步骤2-8：设置快速登录的样式。首先设置浮动，然后设置相应的样式。

```
97    /* 快速登录文字（账号/密码设置）*/
98    .web_login .input-tips {
99        float:left;
100       width:50px;
101       height:42px;
102       font-size:16px;
103       line-height:42px;
104       font-family:"Hiragino Sans GB", "Microsoft Yahei";
105   }
```

步骤2-9：设置"快速登录"的文本框样式。

知识链接：ime-mode:disabled; 表示禁止表单使用文本框输入法。

```
106   /* 快速登录文本框样式 */
107   .web_login .inputstyle {
108       width:200px;
109       height:38px;
110       padding-left:5px;
111       line-height:38px;
112       border:1px solid #D7D7D7;
113       background:#fff;
114       color:#333;border-radius:2px;
115       font-family:Verdana, Tahoma, Arial;
116       font-size:16px;
117       ime-mode:disabled;
118   }
```

步骤2-10：编写"快速注册"容器样式和文字样式。

```
119   /* 快速登录内容样式 */
120   .web_login .login_form {margin-top:30px;}
121   .web_login .uinArea {
122       height: 60px;
123   }
124   .header .switch{
125       left:70px;
126   }
127   /* 快速注册容器样式 */
128   .web_login .reg_form {
129       width: 300px;
130       margin: 0 auto;
131   }
132   /* 快速注册文字样式 */
133   .web_login .input-tips2 {
134       padding-right: 5px;
135       width: 80px;_width: 75px;_font-size:12px;
136   }
```

步骤2-11：设置"快速注册"文字的样式。

知识链接：clear:both; 用来清除浮动，以避免布局因浮动而导致紊乱。

```
137   /* 快速注册文字（用户名/密码/确认密码/QQ）*/
```

```
138    .web_login .input-tips2 {
139        float:left;
140        text-align:right;
141        padding-right:10px;
142        height:30px;
143        font-size:16px;
144        margin-top:10px;
145        clear:both;
146        line-height:30px;
147        font-family:"Hiragino Sans GB", "Microsoft Yahei";
148    }
```

步骤2-12：同"快速登录"一样，"快速注册"的文本框样式也需要设置，其代码与"快速登录"很相似。选择器".cue"是用来设置"快速注册"中"请注意格式"这几个字的样式。

```
149    /* 快速注册文本框样式 */
150    .web_login .inputstyle2 {
151        width:200px;
152        height:34px;
153        padding-left:5px;
154        line-height:34px;
155        border:1px solid #D7D7D7;
156        background:#fff;
157        color:#333;border-radius:2px;
158        font-family:Verdana, Tahoma, Arial;
159        font-size:16px;
160        ime-mode:disabled;
161    }
162    /* 快速注册请注意格式的样式 */
163    .cue {
164        height:40px;
165        line-height:40px;
166        font-size:14px;
167        border:1px #CCCCCC solid;
168        margin-top:10px;margin-bottom:5px;
169        text-align:center;
170        font-family:"Hiragino Sans GB", "Microsoft Yahei";
171    }
```

步骤2-13：编写按钮的样式。浮动"同意协议并注册按钮"标签，连同"登录按钮"一并完成样式编写。

```
172    /* 同意协议并注册按钮位置样式 */
173    .web_login .inputOuter2 {
174        width:200px;
175        margin-top:6px;
176        margin-top:5px;
177        float:left;
178    }
179    /* 登录按钮&&同意协议并注册按钮样式 */
180    .button_blue
181    {
182        display:inline-block;
183        float:left;
```

```
184        height:41px;border-radius:4px;
185        background:#2795dc;
186        border:none;
187        cursor:pointer;
188        border-bottom:3px solid #0078b3;
189        color:#fff;
190        font-size:16px;
191        padding:0 10px;
192        text-align:center;
193        outline:none;
194        font-family: "Microsoft Yahei",Arial, Helvetica, sans-serif;
195    }
```

步骤2-14：设置"注册协议"按钮和"推荐用户使用的浏览器"文字的样式。

```
196    /* 注册协议按钮样式 */
197    a.zcxy {text-decoration: underline;line-height:58px;margin-left:15px;color: #959ca8;}
198    /* *推荐使用IE8或以上版本的IE浏览器或Chrome内核浏览器访问本站样式 */
199    .jianyi{
200        color:#fff;
201        text-align:center;
202        margin-top:25px;
203        color:#B3B8C4;
204    }
```

至此，小茹完成了CSS样式的编写工作，再次运行代码时看到页面的颜值提升了（图1-2-13和图1-2-14），她内心的喜悦和成就感油然而生。

图1-2-13　快速登录的页面效果

图1-2-14　快速注册的页面效果

温馨提示：水滴石穿，非一日之功！你有没有感觉到随着任务的推进，工作渐渐变得困难起来了？如果你有这种感觉，那么恭喜你已经走在一条通往成功的道路上了。

完成了 HTML+CSS 的代码后，小茹在刘老师的指导下开始了实现表单验证功能的工作。让我们跟随小茹继续探索吧！

步骤 3：编写 jQuery 脚本，运用 jQuery 和正则表达式完成验证逻辑。

步骤 3-1：首先在 JS 目录下新建名为 login 的 JS 文件，再打开这个文件，开始编写相应脚本。

我们运用 jQuery 技术来实现验证功能：单击"快速登录"或"快速注册"标签切换到相应的目标页面，其中 $('#switch_bottom').animate() 表示运用 jQuery 实现运动动画，运动的参数为 CSS 对应属性值，即 left、width，代码如下：

```
1    $(function(){
2      // 单击"快速登录"切换页面
3      $('#switch_qlogin').click(function(){
4        $('#switch_login').removeClass("switch_btn_focus").addClass('switch_btn');
5        $('#switch_qlogin').removeClass("switch_btn").addClass('switch_btn_focus');
6        $('#switch_bottom').animate({left:'0px',width:'70px'});
7        $('#qlogin').css('display','none');
8        $('#web_qr_login').css('display','block');
9      });
10     // 单击"快速注册"切换页面
11     $('#switch_login').click(function(){
12       $('#switch_login').removeClass("switch_btn").addClass('switch_btn_focus');
13       $('#switch_qlogin').removeClass("switch_btn_focus").addClass('switch_btn');
14       $('#switch_bottom').animate({left:'154px',width:'70px'});
15       $('#qlogin').css('display','block');
16       $('#web_qr_login').css('display','none');
17     });
18   });
```

步骤 3-2：定义密码的长度变量，赋值为 6。

```
19   var pwdmin = 6;
```

步骤 3-3：这一步是指在页面加载完毕后执行下面的代码。

```
20   $(document).ready(function() {
21     // 单击注册按钮时进行表单验证
```

步骤 3-4：触发单击事件时，先验证用户名是否为空，若为空则返回布尔类型值 false，$('#userCue').html() 表示更新对象 $('#userCue') 中的 HTML 内容。

```
22   $('#reg').click(function() {
23     // 验证用户名是否为空，为空返回fasle
24     if ($('#user').val() == "") {
25       $('#user').focus().css({
26         border: "1px solid red",
27         boxShadow: "0 0 2px red"
28       });
29       $('#userCue').html("<font color='red'><b>×用户名不能为空</b></font>");
30       return false;
31     }
```

步骤 3-5：这一步操作是验证用户名的长度是否满足要求，若满足要求则进行下一步。

```
32     // 验证用户名长度是否满足要求（用户名为4～16个字符），不满足返回false
```

```
33        if ($('#user').val().length < 4 || $('#user').val().length > 16) {
34            $('#user').focus().css({
35                border: "1px solid red",
36                boxShadow: "0 0 2px red"
37            });
38            $('#userCue').html("<font color='red'><b>用户名为4~16个字符</b></font>");
39            return false;
40        }
```

步骤3-6：编写密码长度验证的代码。

```
41        // 验证密码长度是否满足要求（密码不小于6位），不满足返回false
42        if ($('#passwd').val().length < pwdmin) {
43            $('#passwd').focus();
44            $('#userCue').html("<font color='red'><b>密码不能小于" + pwdmin + "位</b></font>");
45            return false;
46        }
```

步骤3-7：比对"密码"和"确认密码"框输入的值是否一致。

```
47        // 验证两次输入的密码是否一致，不满足返回false
48        if ($('#passwd2').val() != $('#passwd').val()) {
49            $('#passwd2').focus();
50            $('#userCue').html("<font color='red'><b>×两次密码不一致！</b></font>");
51            return false;
52        }
```

步骤3-8：定义验证QQ号码的正则表达式。

```
53        // 使用正则表达式验证QQ号码格式是否正确
54        var sqq = /^[1-9]{1}[0-9]{4,9}$/;
```

步骤3-9：验证QQ号码的长度。如果QQ号码长度符合要求则进行提交。这一步操作很关键，验证逻辑要准确。

```
55        // 验证QQ号码是否未填、QQ号码位数是否在5~12之间，返回false
56        if (!sqq.test($('#qq').val()) || $('#qq').val().length < 5 || $('#qq').val().length > 12) {
57            $('#qq').focus().css({
58                border: "1px solid red",
59                boxShadow: "0 0 2px red"
60            });
61            $('#userCue').html("<font color='red'><b>×QQ号码格式不正确</b></font>");
62            return false;
63        } else {
64            $('#qq').css({
65                border: "1px solid #D7D7D7",
66                boxShadow: "none"
67            });
68        }
69        // 通过以上验证后提交表单
```

步骤3-10：第71行代码表示以上任何一次判断返回false时表单将不能被提交。注意这一步不能省略。

```
70        $('#regUser').submit();
71    });
72 });
```

至此，完成了注册登录页面验证的功能，让我们跟随小茹看一下页面效果吧（图1-2-15）。但切不可沾沾自喜，殊不知这只是冰川一角，后面的道路还很长，跟紧接下来的脚步，万万不可掉队呀！

图 1-2-15　验证功能完成页面效果

任务评价

任务要求：提交整体项目文件。

考核方式：学生互评，教师点评。

评价标准：任务评价表，见表 1-2-9。

表 1-2-9　任务评价表

任务名称：构建注册登录模块	任务承接人： 交付日期：	
项目要求	评价标准	成绩
HTML 结构完整（30 分）	1. 页面布局合理，代码有缩进，且类名有意义（10 分） 2. 页面效果无明显错乱（20 分）	
CSS 样式代码部分（40 分）	1. CSS 选择器书写正确，代码有缩进（15 分） 2. CSS 样式功能完成（15 分） 3. CSS 代码有新尝试（10 分）	
表单验证功能部分（30 分）	1. 业务逻辑清晰，无语法错误，代码有缩进（20 分） 2. 功能实现，无 bug（10 分）	
总分		
评价人	评价级别（√）	备注
个人	□优秀　□良好　□合格　□不合格	
老师	□优秀　□良好　□合格　□不合格	

拓展训练

一、选择题

1. 在表单控件中，通常 type=（　　）表示复选框控件。

　　A．radio　　　　B．checkbox　　　　C．file　　　　　D．password

2. 以下选项中，input 控件无法实现的功能是（　　）。
   A．单选框　　　B．按钮　　　C．密码框　　　D．下拉菜单
3. jQuery 实现动画的方法是（　　）。
   A．html()　　　　　　　　　　B．css()
   C．animate()　　　　　　　　D．removeClass()

二、判断题

1. jQuery 技术很灵活，可以减少代码量，可以完全取代 JavaScript。（　　）
2. 在使用表单控件时，必须使用 \<form>\</form> 标签进行包裹才能生效。（　　）

任务 5　"党史学习教育网"功能完善

任务导入

"党史学习教育网"的注册登录功能已经完成，接下来就是"党史学习教育网"其他功能的完善。这里所说的功能完善，就是完成除首页开发与注册登录功能之外的所有子页面。

要完成此项任务，不仅要以网站的原型设计作为依据，还需要灵活运用 HTML+CSS 专业知识。

在老师的指导下，帆凯同学欣然接受这项任务。

技能目标

- 了解 CSS 权重问题。
- 掌握 CSS 各类标签默认样式。
- 学会运用 transition 动画。
- 根据需求灵活运用 CSS 样式。

任务描述

帆凯同学参考原型设计蓝图明确了"党史学习教育网"功能完善任务："红色资料"→纪念馆与画展宣传功能开发，"新闻要论"→要闻要论功能开发。

在完成本任务时，要注意新功能页面的导航栏与首页导航栏一致，且风格也需要保持一致。因此，在新功能页面中需要引入 init.css 和 public.css 文件。

前导知识

CSS 进阶

需要进一步深入学习 CSS 技术，才能顺利完成此任务。让我们一起跟随帆凯同学进入课堂吧。

一、CSS 进阶

虽然小茹完成了首页功能和注册功能的开发，但同学们对于 CSS 的运用还不够熟练。因此，这里我们跟随帆凯同学一起学习 CSS 技术，让我们的技术更上一层楼，最终顺利完成开发任务。

1. 伪类选择器

在网页中，我们经常遇到这样的情形，当鼠标悬停在某些文字上时，文字的颜色或背景会改变。这是如何实现的呢？让我们一起来学习伪类选择器的相关知识吧。

首先，伪类选择器是指对同一个 HTML 元素的不同状态添加不同样式。换句话说就是，对于同一个标签，根据其不同的状态设置不同的样式。这就叫做"伪类"，伪类语法要用冒号来表示。

这里我们以 <a> 标签为例，它的状态包括未访问、已访问、鼠标悬停、链接激活时，这就涵盖了 4 种伪类选择器。

（1）:link（链接）：链接未访问状态。

代码示例：

```
/*让超链接访问之前是红色*/
a:link{
color:red;
}
```

（2）:visited（访问过的）：链接被访问之后。

代码示例：

```
/*让超链接单击后是绿色*/
a:visited{
color:orange;
}
```

（3）:hover（悬停）：鼠标放到标签上的时候。

代码示例：

```
/*鼠标悬停，放到标签上的时候*/
a:hover{
color:green;
}
```

（4）:active（激活）：鼠标单击标签不松手时。

代码示例：

```
/*鼠标单击链接，但不松手时*/
a:active{
color:black;
}
```

容易出错的是，a:hover 必须被置于 a:link、a:visited 之后才是有效的，a:active 必须被置于 a:hover 之后才是有效的。

注意伪类的书写顺序：a:link、a:visited、a:hover、a:active。如果不按照这个顺序，会出现样式失效的情况。

2. 伪元素

伪类选择器与 CSS 伪元素很相似，但意义有所不同，后者是用于对某些选择器设置特殊效果。可以理解为，CSS 伪元素用于设置元素指定部分的样式。

伪元素可用于设置元素的首字母、首行的样式，也可以在元素内容之前或之后插入内容。

【知识提醒】
除了 <a> 标签，其他标签也可以运用伪类选择器。

【想一想】
伪类选择器和伪元素的语法一样，该怎么理解加以区分呢？

伪元素的语法：

```
selector:pseudo-element {
 property: value;
}
```

（1）:first-line：向文本首行设置特殊样式。

代码示例：

```
/* 文本首行为红色 */
    p:first-line{
    color: red;
    }
```

（2）:first-letter：向文本首字母设置特殊样式。

代码示例：

```
/* 文本首字母为红色 */
    p:first-line{
    color: blue;
    }
```

（3）:before：在元素正式内容前面插入新内容。

代码示例：

```
 h1:before
 {
    content:"!!";
 }
```

（4）:after：在元素正式内容之后插入新内容。

代码示例：

```
h1:after
{
    content:",,,,";
}
```

3. 行内—块级元素

（1）块级元素。在 html 中 <div>、<p>、<h1>、<form>、<ul> 和 <li> 就是块级元素。设置 display:block; 就是将元素设置为块级元素，如设置 a{dispaly:block;} 就会使得 <a> 标签设置为块级元素。

每个块级元素都从新的一行开始，它的兄弟元素也另起一行排列。元素的高度、宽度、行高以及顶和底边距均可设置。元素宽度在不设置的情况下是它本身父容器的 100%。

（2）行内元素。在 html 中，<span>、<a>、<label>、<strong> 和 <em> 就是典型的行内元素（inline 又称内联元素）。以下示例代码是将块级元素 div 转换为行内元素，从而使 div 元素具有行内元素特点。

```
div{display:inline;}
```

行内元素最直观的特点是它们都在同一行上显示，元素的高度、宽度、顶部和底部边距不可设置，元素的宽高即它所包含内容（文字或图片）的宽高。

行内块级元素（inline-block）同时具备行内元素、块级元素的特点，代码 display: inline-block; 就是将元素设置为行内块级元素。<img>、<input> 标签就是行内块级标签。

行内块级元素可以和其他元素在同一行上，元素的高度和宽度、行高以及顶和底边距均可设置。

【知识提醒】
浮动属性产生之初是为了实现"文字环绕"的效果，让文字环绕图片，在网页中实现类似 Word 中"图文混排"的效果，之后才被开发者作为布局使用。

4. CSS 浮动

在网页布局中,我们往往需要将元素有序地排列在一起,但总是改变元素的行内或块级属性来满足元素排列会很麻烦。这里,我们需要学习新的技术——CSS 浮动技术来实现元素排列布局。

CSS 浮动代码很简单,它是 float 属性取值为 none、left 或 right,但理解起来并不简单。

浮动的框可以向左或向右移动,直到它的外边缘碰到父级框或另一个浮动框的边框为止。由于浮动框不属于普通流(未浮动元素类型),所以浮动框与文档普通流相比,就像不存在一样。我们用图 1-2-16 至图 1-2-18 来加以说明。

图 1-2-16 可以看到我们只对方框 1 进行右浮动的效果。

【想一想】
为什么没有浮动的元素被盖住了呢?

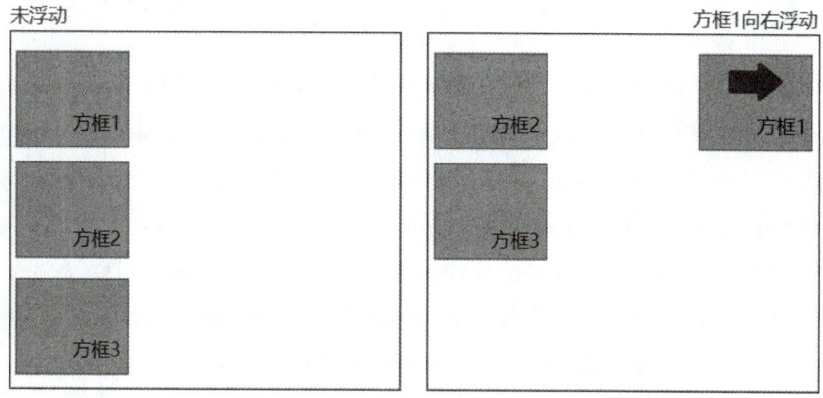

图 1-2-16　只有方框 1 向右浮动

接着让方框 1 向左浮动,观察页面变化,如图 1-2-17 所示。

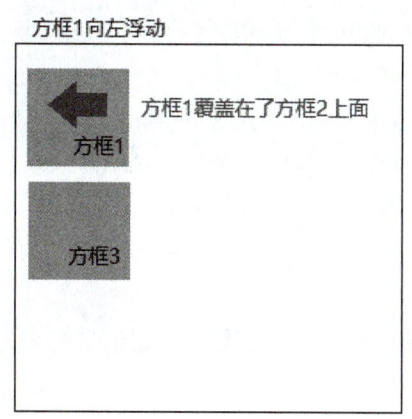 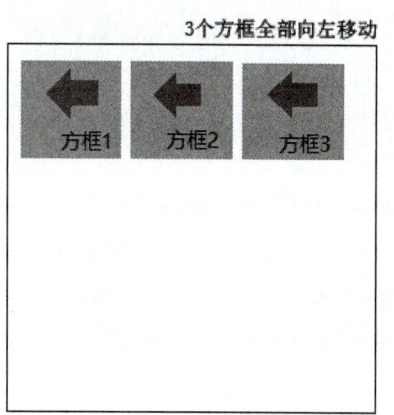

图 1-2-17　只有方框 1 左浮动和 3 个框全部左浮动

如果包含框太窄,无法容纳水平排列的 3 个浮动元素,那么其他浮动块向下移动,直到有足够的空间。如果浮动元素的高度不同,那么它们向下移动时可能被其他浮动元素"卡住",如图 1-2-18 所示。

由此可见,运用浮动后将产生的不良影响如下:

(1)背景不能显示。由于浮动产生,如果对父级设置了 CSS 背景颜色或 CSS 背景图片(CSS background),而父级元素不能被撑开,导致 CSS 背景不能显示。

(2)边框不能撑开。如果父级设置了 CSS 边框属性(CSS border),由于子级里使用了 float 属性,产生浮动,父级元素不能被撑开,导致边框不能随内容被撑开。

【动手练习】

写一段代码，并对 div 容器进行浮动，运用本节所提到的 :after 伪元素方式清除浮动。

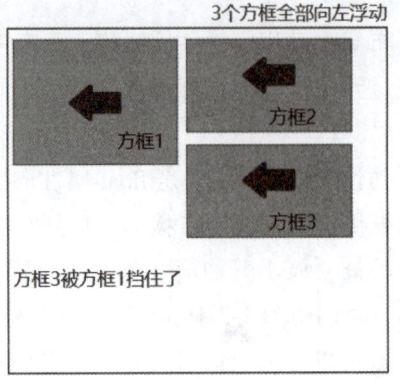

图 1-2-18　改变包含块和增大方框 1 高度时浮动效果图

（3）margin padding 设置值不能正确显示。由于浮动导致父级子级之间设置了 CSS padding、CSS margin 属性的值不能正确表示，特别是上下边的 padding 和 margin 不能正确显示。

为了解决这个问题，我们就需要清除浮动（不是清除浮动本身，是清除浮动所带来的副作用），推荐一个大部分开发者都在使用的清除浮动方法——:after 伪元素。

给浮动元素的容器添加一个名为 .clearfix 的类名，紧接着通过 :after 伪元素的方式在元素末尾添加一个看不见的块元素（Block Element）来清除浮动。

代码示例：

```
.clearfix :after {
    clear:both;            /*清除伪元素左右两边的浮动*/
    content:'.';           /*容器末尾添加"."伪元素*/
    display:block;         /*设置为块级*/
    height: 0;             /*高度为0，兼容写法*/
    visibility:hidden;     /*使得"."伪元素不可见*/
}
```

【想一想】

绝对定位的参照点该如何理解？

这个办法不但完美兼容主流浏览器，而且使用起来很方便。重复使用该方法可以减轻代码编写工作量，网页的结构也会更加清晰。

5. CSS 定位

虽然掌握了浮动，但对于开发而言还远远不够，还需要 CSS 定位的知识帮助我们完成开发。

CSS 定位运用 position 属性规定应用于元素的定位方法类型（常见取值有 relative、absolute、fixed）。

当给元素设置了定位以后，就可以设置相对定位元素的 top、right、bottom 和 left 属性值，从而导致偏离原来的位置。

（1）相对定位。首先我们来学习相对定位，需要添加属性 position: relative;，它的含义是元素相对于其正常位置进行定位。如图 1-2-19 所示，我们给方框 2 进行相对定位。

代码示例：

```
.div2{
    position: relative;     /*相对定位*/
    top: 30px;              /*相对于参照点垂直距离30px*/
```

```
        left: 40px;              /*相对于参照点水平距离40px*/
    }
```

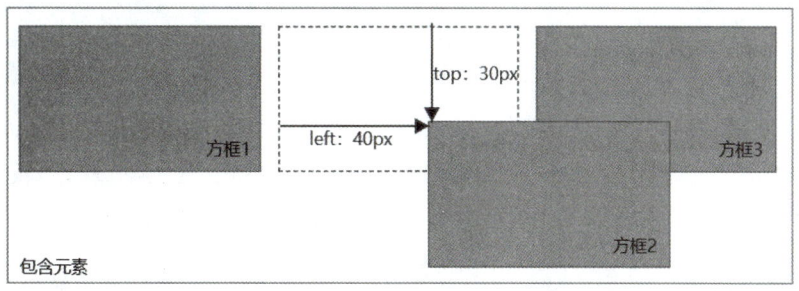

图 1-2-19　方框 2 相对定位效果

值得注意的是，在使用相对定位时，无论是否进行定位，元素仍然占据原来的空间。

（2）绝对定位。绝对定位属性是 position: absolute;，是指元素相对于最近定位的祖先元素进行定位（而不是相对于视口定位，如 fixed）。如果绝对定位的元素没有定位的祖先元素，它将使用文档主体（body），并随页面一起滚动。这一点很重要，我们要找准它的参照点，这才是关键。图 1-2-20 演示了绝对定位效果。

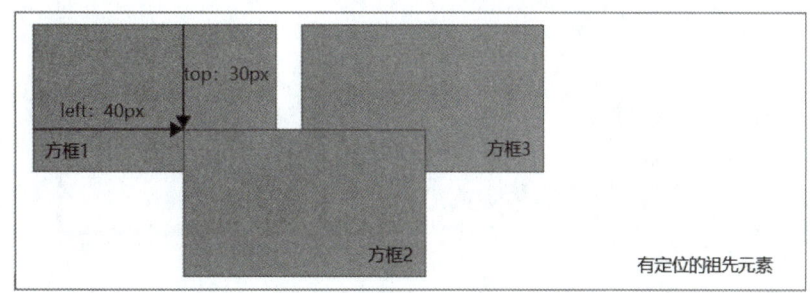

图 1-2-20　方框 1 绝对定位效果

代码示例：

```
.div1{
    position: absolute;         /*绝对定位*/
    top: 30px;                  /*相对于参照点垂直距离30px*/
    left: 40px;                 /*相对于参照点水平距离40px*/
}
```

绝对定位会脱离文档流，也可以理解为绝对定位可以使元素的位置与文档流无关，不占据空间。所以，它们能覆盖页面上的其他元素，这一点与相对定位不同。

实际上，相对定位的元素依然被看作普通流元素，因为其相对于未添加任何定位时的位置进行定位。我们在使用绝对定位时需要配合相对定位，即给父元素添加相对定位，子元素添加绝对定位，这样就完美解决了绝对定位相对于根元素定位（<html>）的问题。

（3）固定定位。大家想必都遇到过这样的上网情形，即在网页中遇到了"狗皮膏药"，无论你如何滚动鼠标滚轮，网页都不随鼠标滚动而发生位置改变。没错，这就是固定定位实现的效果。

它的属性是 position:fixed;，即相对于浏览器窗口（页面原点）的定位。

代码示例：

```
.div3{
    position: fixed;         /*固定定位*/
    top: 20px;               /*相对于页面原点垂直20px*/
    left: 30px;              /*相对于页面原点水平30px*/
}
```

【想一想】
z-index 无效时该如何排错？

（4）z-index 属性。提到 3 种定位，就不得不提它们的层叠覆盖关系，z-index 属性可以指定一个元素的堆叠顺序，拥有更高堆叠顺序的元素总是会处于堆叠顺序较低的元素的上面。取值越大，堆叠顺序越靠上，反之越靠下，如图 1-2-21 所示。

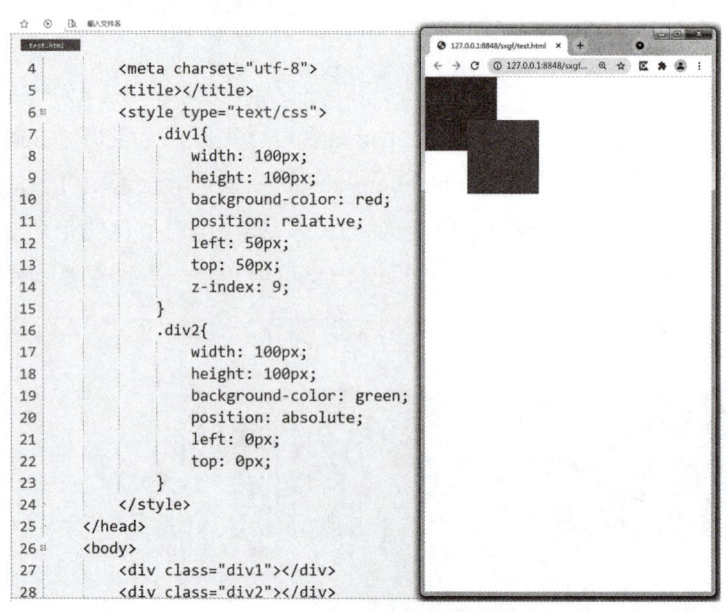

图 1-2-21 z-index 堆叠效果

但是要注意，z-index 也有不起作用的时候，比如在有父子关系的元素中设置 z-index 属性；对比的元素之间并非都是定位元素；当前设置 z-index 的元素为浮动元素。

完成 CSS 的进阶知识学习后，帆凯同学信心满满，很快就投入到其他页面开发的工作中。

任务准备工作

任务准备

知识与技能目标

在本次任务中，我们需要掌握以下知识与技能：

（1）各个子页面样式的编写。

（2）CSS 定位灵活运用。

（3）transition 动画。

任务思考

（1）分析子页面与首页布局的异同之处。

（2）设计个性页面时需要添加的新样式。

（3）运用 CSS3 属性时考虑浏览器的兼容性。

任务分解

帆凯同学根据任务描述将任务分解为两大模块，每个模块细分为下述 4 个子步骤。

（1）红色资料（纪念馆、画展宣传）界面 + 样式的编写。

1）编写 red-1.html 代码。

2）编写 red-1.css 代码。

3）编写 red-2.html 代码。

4）编写 red-2.css 代码。

（2）新闻要论（要闻要论）界面 + 样式的编写。

1）编写 news.html 代码。

2）编写 news.css 代码。

3）编写 news_son.html 代码。

4）编写 news_son.css 代码。

任务实施

步骤 1：红色资料（纪念馆、画展宣传）界面 + 样式的编写。

在 html 文件夹中新建文件 red-1.html 和 red-2.html。

在 CSS 文件夹下新建文件 red-1.css 和 red-2.css。

以下内容为 red-1.html 和 red-1.css 代码。

"导航栏"功能代码在首页中已经完成，此次展示后，其他页面将不再展示。

步骤 1-1：编写 red-1.html 代码。

步骤 1-1-1：引入相关 CSS 文件。

```
1    <!DOCTYPE html>
2    <html lang="en">
3    <head>
4        <meta charset="UTF-8">
5        <title>纪念馆</title>
6        <link rel="stylesheet" href="../css/init.css">
7        <link rel="stylesheet" href="../css/public.css">
8        <link rel="stylesheet" href="../css/red-1.css">
9    </head>
```

步骤 1-1-2：编写网站名称模块。

```
10   <body>
11     <div class="main">
12       <!-- 网站名称模块 -->
13       <div class="ph_logo">
14         <div class="logo">
15
16         </div>
17       </div>
18       <div class="ph_top">
19         <h1>
20           <a href="index.html" title="党史学习">党史学习</a>
21         </h1>
22       </div>
```

步骤 1-1-3：编写"导航栏"的代码。注意，相应的类名要起好，结构不要写错。

```
23       <!-- 导航栏 -->
24       <div class="ph_nav">
25         <div class="w1200">
```

```
26            <ul class="ph_nav_ul">
27                <li class="ph_nav_index">
28                    <a href="index.html">重要论述</a>
29                </li>
30                <li class="ph_nav_li">红色资料
31                    <ul class="ul">
32                        <li><a href="red-1.html">纪念馆</a></li>
33                        <li><a href="red-2.html">画展宣传</a></li>
34                    </ul>
35                </li>
36                <li class="ph_nav_li">新闻要论
37                    <ul class="ul">
38                        <li><a href="news.html">要闻要论</a></li>
39                    </ul>
40                </li>
41            </ul>
42        </div>
43    </div>
```

步骤1-1-4：第一个翻转盒子代码编写。

```
44            <!-- 翻转效果 -->
45            <div class="turn w1200">
46                <div class="box">
47                    <div class="forwards"><img src="../images/01.jpg"></div>
48                    <div class="bottom">
49                        <div class="introduce">
50                            <p>为进一步发挥党史学习教育的重要作用，教育引导广大青少年"听党话、感党恩、跟党走"，在分院领导的带领下，青年大学生进入"党史教育展馆"开展学习教育活动，从党史中汲取前进的智慧和力量。</p>
51                            <p></p>
52                        </div>
53                    </div>
54                </div>
```

步骤1-1-5：第二个翻转盒子代码编写。

```
55                <div class="box">
56                    <div class="forwards"><img src="../images/2.png"></div>
57                    <div class="bottom">
58                        <div class="introduce">
59                            <p>将全省多所高校作为党史学习教育的学习实践基地，让在学生身边的红色资源成为"移动的党史"，激发青年大学生知党爱党、爱党爱国的情怀，从党史中汲取营养和能量，树立正确的党史观，认认真真学党史。
60                            </p>
61                            <p>以昂扬向上的态势全力开启建设社会主义国家新征程，促进党史学习教育与立德树人紧密结合，立大志、明大德、成大才、担大任，成为实现中华民族伟大复兴的中坚力量。
62                            </p>
63                            <p>我们要在党的领导下继往开来，以只争朝夕的精神状态和勇往直前的奋斗姿态在新时代奋勇前进。
64                            </p>
65                        </div>
66                    </div>
67                </div>
68            </div>
```

步骤 1-1-6:"博物馆"功能代码。

```html
69          <!-- 博物馆介绍 -->
70          <div class="memorial w1200">
71              <div class="memorial_a">
72                  <div class="text">
73                      <h3>党史教育文化馆</h3>
74                      <p>教育文化馆以时间顺序为轴,以中国共产党各个历史时期锻造形成的28种伟大精神布局谋篇,改变了编年体的展陈方式,构建起中国共产党革命建设发展的"精神谱系"。
75                      </p>
76                  </div>
77                  <div class="img">
78                      <img src="../images/博物馆1.jpg">
79                  </div>
80              </div>
81              <div class="memorial_a">
82                  <div class="img">
83                      <img src="../images/博物馆2.jpg">
84                  </div>
85                  <div class="text">
86                      <h3>党员政治生活馆</h3>
87                      <p>党员政治生活馆以文字、图片、实物、影像等形式,将党建文化通过声、光、电等多媒体科技手段呈现,生动立体地再现了党的百年光辉历程。</p>
88                  </div>
89              </div>
90              <div class="memorial_a">
91                  <div class="text">
92                      <h3>东索村惨案纪念馆</h3>
93                      <p>东索村革命烈士纪念馆是为纪念大革命时期震惊陕西乃至西北地区的"东索村惨案"中牺牲的烈士而建立的。2004年,该馆被确定为西安市党史教育基地和爱国主义教育基地。2007年6月,该馆被确定为首批县级重要文物保护点。</p>
94                  </div>
95                  <div class="img">
96                      <img src="../images/博物馆3.jpg">
97                  </div>
98              </div>
99              <div class="memorial_a">
100                 <div class="img">
101                     <img src="../images/博物馆4.jpg">
102                 </div>
103                 <div class="text">
104                     <h3>红军过境纪念馆</h3>
105                     <p>红军过境纪念馆占地面积500平方米,以丰富翔实的史料、实物和相关历史照片记录了先烈们的革命历史,传承着红色基因。</p>
106                 </div>
107             </div>
108             <div class="memorial_a">
109                 <div class="text">
110                     <h3>革命烈士纪念墙</h3>
111                     <p>
112                         人民革命纪念墙周围,簇拥着鲜花绿草、苍松翠柏,交相辉映。每一位英雄的名字在历史长河中熠熠生辉,像一个历史的惊叹号,凝结着那硝烟弥漫的峥嵘岁月。
113                     </p>
114                 </div>
```

```
115            <div class="img">
116                <img src="../images/博物馆5.jpg">
117            </div>
118        </div>
119    </div>
```

步骤 1-1-7：页面底部代码编写。

```
120        <!-- 底部 -->
121        <div class="footer_bg">
122            <div class="container">
123                <div class="row  footer">
124                    <div class="copy text-center">
125                        <img alt="">
126                        <p>
127                            <span>
128                                欢迎您来到党史学习教育网<br>
129                                地址：西安市鄠邑区人民路8号  <br>
130                                建设与运维：尚云公司技术部<br>
131                                手机号码：158××××9875<br>
132                                版权所有 © ×××× 陕ICP备0800××××号
133                            </span>
134                        </p>
135                    </div>
136                </div>
137            </div>
138        </div>
139    </div>
140  </body>
141  </html>
```

步骤 1-2：编写 red-1.css 代码。

步骤 1-2-1：编写盒子翻转功能样式代码。

```
1   .turn{
2       margin-top: 50px;
3   }
4   .box {
5       position: relative;
6       width: 600px;
7       height: 450px;
8       float: left;
9       margin-right: 100px;
10      transform-style: preserve-3d;    /*使被转换的子元素保留其 3D 转换*/
11      transition: all .4s;             /*将其过渡时间设置为4s*/
12  }
```

步骤 1-2-2：定义盒子翻转前和翻转后样式。

```
13  /* 将最后一个.box选出来 */
14  .box:nth-last-child(1){
15      margin-right: 0;
16  }
17  .forwards,
18  .bottom {
19      position: absolute;
20      top: 0;
21      left: 0;
```

```
22      width: 100%;
23      height: 100%;
24      text-align: center;
25      line-height: 40px;
26  }
27  .box .forwards {
28      transform: translateZ(20px);        /* 必须要让前面的那个盒子沿着Z轴向前走它本身的一半
                                               （往前走是正值，往里走是负值），否则做出来不是3D的
                                               效果*/
29  }
30  .box .forwards img{
31      width: 100%;
32      height: 100%;
33  }
```

步骤1-2-3：编写翻转效果背面模块样式。

```
34  .bottom {
35      text-align: center;
36      text-indent: 2em;                   /*首行缩进32px*/
37      color: #ffffff;
38      background: url(../images/背景.png) no-repeat;  /*添加背景图片，且让图片不重复显示*/
39      background-position: -20px -20px;   /*调整背景图片的位置*/
40      background-size:cover;              /*设置背景图片的大小*/
41      transform: translateY(20px) rotateX(-90deg);   /* 让其移动+旋转。注意，必须先移动后旋转 */
42  }
43  .introduce{
44      font-size: 13px;
45      margin: 10px;
46      width: 500px;
47      padding: 60px 20px 20px 40px;
48  }
49  .box:hover {
50      transform: rotateX(90deg);          /*鼠标经过时，让其沿着X轴旋转90度*/
51  }
```

步骤1-2-4：博物馆模块制作，此处用到了flex布局。由此可见flex布局的重要性，同学们一定要掌握。

知识链接：子代选择器可以帮助我们精确定位，这里的even代表偶数，odd代表奇数。

```
52  /* 博物馆介绍 */
53  .memorial{
54      display: flex;                      /*将它的布局改为flex布局*/
55      height: 400px;
56      margin-top: 20px;
57      overflow: hidden;
58      background-color: rgb(229,216,194);
59  }
60  .memorial_a{
61      flex: 1;                            /*它的宽占一份*/
62      display: flex;                      /*将它的布局也改为flex布局*/
63      flex-direction: column;             /*调整主轴方向以垂直排列*/
64      height: 100%;
65      margin-right: 10px;
66      border-radius: 10%;
67  }
```

```css
68      .memorial_a:nth-child(even){
69          background-color: rgb(253,229,202);
70      }
71      .memorial_a:nth-child(odd){
72          background-color: rgb(239,215,190);
73      }
```

步骤 1-2-5：编写博物馆文本内容样式。

```css
74      /* 每个展示模块布局+文本和图片样式 */
75      .memorial_a .text{
76          flex: 1;           /*让所有弹性盒模型对象的子元素都有相同的长度，且忽略它们内部的内容*/
77          margin: 0 5px;
78      }
79      .memorial_a .text h3{
80          line-height: 50px;
81          text-align: center;
82      }
83      .memorial_a .text p{
84          text-align: center;
85          text-indent: 1.6em;
86      }
87      .memorial_a .img{
88          flex: 1;
89          margin: 10px;
90      }
91      .memorial_a .img img{
92          border-radius: 50%;      /*将图片设置为圆角*/
93          width: 100%;
94          height: 100%;
95      }
```

至此，帆凯编写完成红色资料——纪念馆页面功能，效果如图 1-2-22 所示。

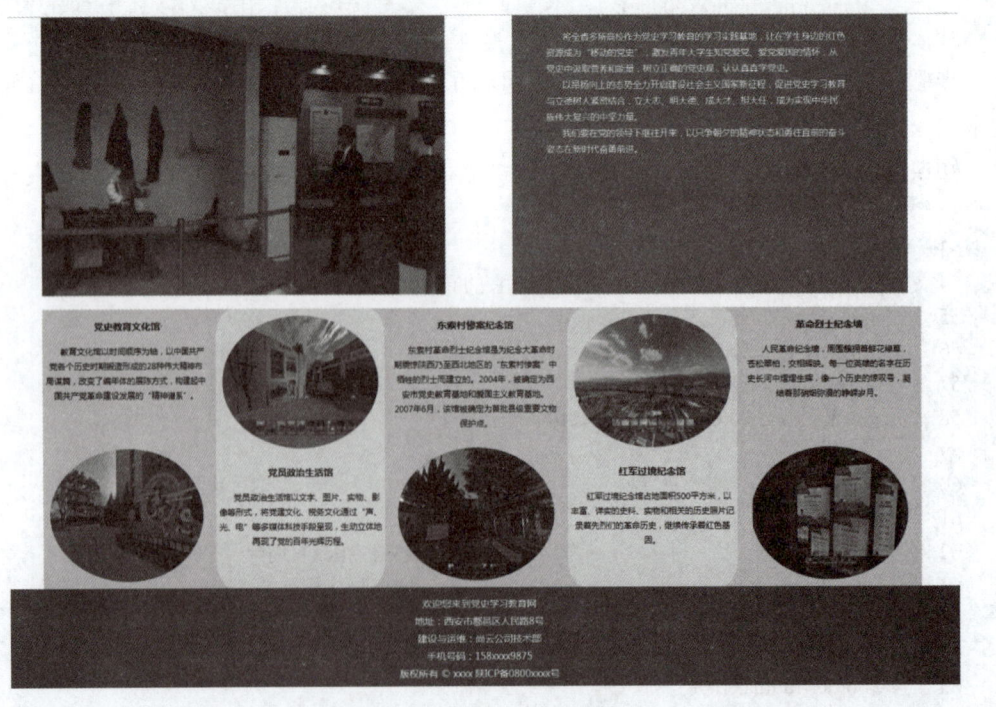

图 1-2-22 "纪念馆"界面效果

步骤 1-3：编写 red-2.html 代码。

步骤 1-3-1：完成 red-2.html 代码的结构编写。

在 43 行代码之后新增（导航栏代码之后添加）如下代码：

```
44        <div class="p2_cn w1200">
45          <div class="dh_bg">
46            <div class="dh_a1">
47              <img src="../images/主题画展1.jpg">
48              <span>《红穹》</span>
49            </div>
50            <div class="dh_a2">
51              <img src="../images/主题画展2.jpg">
52              <span>《前行·虔行》</span>
53            </div>
54            <p style="text-indent: 2em;">5月6日至6月15日，我院成功开展了"红星照耀学'四史'百年辉煌再启程"——笔下的2035主题绘画活动。
55            <br>      在本次主题绘画活动中，师生们通过画笔描绘出了心中的2035年，抒发了个人的爱国情怀。
56  在众多作品中，《红穹》与《前行·虔行》两幅作品脱颖而出，给我们留下了深刻的印象。广大同学们对未来充满了向往。笔者也油然而生了一种干事创业勇攀高峰的豪迈情怀。
57          </p>
58          <p class="author">（记者：郭柏良    编辑：康旭洋）</p>
59        </div>
60      </div>
61      <div class="sc w1200">
62        <img src="../images/tit4.png">
63      </div>
```

步骤 1-3-2：编写"入党誓词内容"样式。

```
64      <div class="p4_cn w1200">
65        <p>我志愿加入中国共产党，拥护党的纲领，遵守党的章程，履行党员义务，执行党的决定，严守党的纪律，保守党的秘密，对党忠诚，积极工作，为共产主义奋斗终生，随时准备为党和人民牺牲一切，永不叛党。</p>
66      </div>
67      <!-- 底部模块 -->
68      <div class="footer_bg">
69        <div class="container">
70          <div class="row footer">
71            <div class="copy text-center">
72              <img alt="">
73              <p>
74                <span>
75                  欢迎您来到党史学习教育网<br>
76                  地址：西安市鄠邑区人民路8号 <br>
77                  建设与运维：尚云公司技术部<br>
78                  手机号码：158××××9875<br>
79                  版权所有©×××× 陕ICP备0800××××号
80                </span>
81              </p>
82            </div>
83          </div>
84        </div>
85      </div>
```

```
86      </div>
87    </body>
88  </html>
```

步骤1-4：编写red-2.css代码。

步骤1-4-1：编写图片样式。

```
1   body{
2       background-color: rgb(246,246,246);
3   }
4   .top img{
5       width: 100%;
6       height: auto;
7       display: block;
8   }
```

步骤1-4-2：编写主体部分样式代码。

```
9   /* 主体部分 */
10  .p2_cn{
11      position: relative;
12  }
13  .dh_bg{
14      background: #c80113;
15      margin-top: 90px;
16      height: 680px;
17  }
18  .dh_a1 {
19      left: 90px;
20  }
```

步骤1-4-3：编写"主题画展"模板样式。

```
21  /* 将不同类名下的第二个img选择出来 */
22  .dh_a1 img:nth-child(2),
23  .dh_a2 img:nth-child(2){
24      display: block;
25      margin: 40px auto 30px auto;
26  }
27  /* "主题画展"模块样式 */
28  .dh_a1,
29  .dh_a2{
30      width: 480px;
31      position: absolute;
32      top: 25px;
33      background: #fff;
34      text-align: center;
35      font-size: 26px;
36      transition: all .7s;
37      background-color: #c80113;
38      border: 3px solid gainsboro;
39
40  }
```

步骤1-4-4：编写"主题画展"模板样式。

```
41  .dh_a1 img,
42  .dh_a2 img{
```

```
43      width: 240px;
44      height: 310px;
45    }
46    /* "主题画展"文本模块样式 */
47    .dh_bg span{
48      display: block;
49      width: 340px;
50      margin: 0 auto;
51      padding-bottom: 30px;
52      color: white;
53    }
54    .dh_a2{
55      left: 630px;
56    }
57    .dh_bg p{
58      font-size: 26px;
59      display: block;
60      width: 1020px;
61      margin: 0 auto;
62      color: #fff;
63      line-height: 50px;
64      position: absolute;
65      bottom: 50px;
66      left: 0;
67      right: 0;
68    }
69    .dh_bg .author{
70      width: 400px;
71      margin-left: 900px;
72      bottom: 20px;
73    }
```

步骤1-4-5：编写鼠标悬停时样式代码。

```
74    /* 鼠标移动效果 */
75    .dh_a1:hover,
76    .dh_a2:hover{
77      /* transform: scaleX(1.05);
78      transform: scaleY(1.05); */
79      transform: scale(1.05);
80      transition: all 1s ease 0s;
81      overflow:auto;
82    }
```

步骤1-4-6：编写"入党誓词"容器和内部文本样式。

```
83    /* 入党誓词容器及文本样式 */
84    .sc{
85      margin: 50px auto 30px auto;
86      text-align: center;
87    }
88    .p4_cn{
89      background: url(../images/bg04.png) no-repeat;
90      height: 543px;
91      margin: 0 auto;
```

```
92        }
93    .p4_cn p{
94        font-size: 26px;
95        width: 770px;
96        line-height: 66px;
97        margin: 90px auto 0 auto;
98    }
```

帆凯已经完成红色资料——画展宣传页面功能，效果如图 1-2-23 所示。

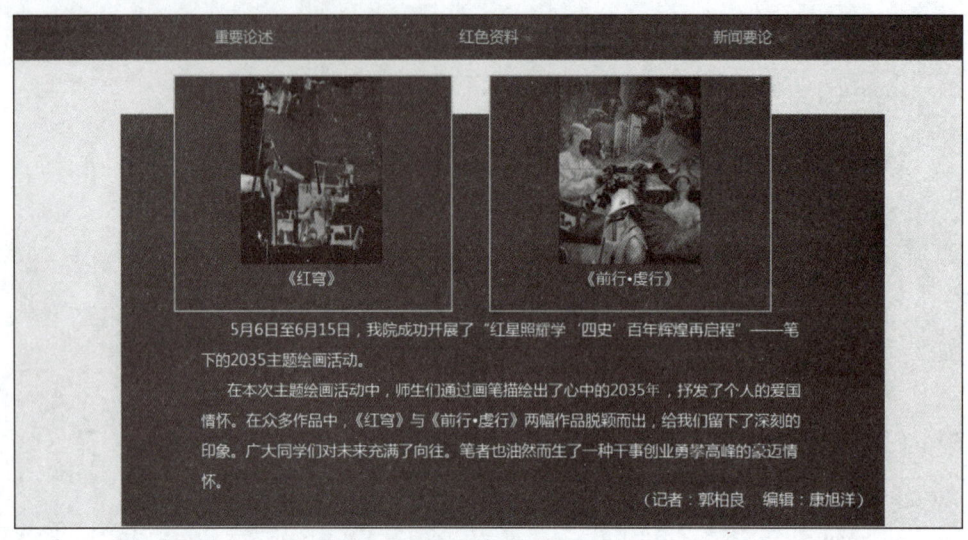

图 1-2-23 "画展宣传" 界面效果

步骤 2：新闻要论（要闻要论）界面 + 样式的编写。

在 HTML 文件夹中，新建文件 news.html 和 news_son.html。

在 CSS 文件夹下，新建文件 news.css 和 news_son.css。

步骤 2-1：编写 news.html 代码。

步骤 2-1-1：引入必要的 CSS 样式表。

```
1   <!DOCTYPE html>
2   <html lang="en">
3   <head>
4       <meta charset="UTF-8">
5       <title>新闻要论</title>
6       <link rel="stylesheet" href="../css/init.css">
7       <link rel="stylesheet" href="../css/public.css">
8       <link rel="stylesheet" type="text/css" href="../css/news.css"/>
9   </head>
10  <body>
11      <div class="ph_top">
12          <!-- 网站名称模块 -->
13          <div class="ph_logo">
14              <div class="logo">
15
16              </div>
17          </div>
18          <h1>
19              <a href="index.html" title="党史学习">党史学习</a>
```

```html
20        </h1>
21      </div>
22      <!-- 导航栏 -->
23      <div class="ph_nav">
24        <div class="w1200">
25          <ul class="ph_nav_ul">
26            <li class="ph_nav_index">
27              <a href="index.html">重要论述</a>
28            </li>
29            <li class="ph_nav_li">红色资料
30              <ul class="ul">
31                <li><a href="red-1.html">纪念馆</a></li>
32                <li><a href="red-2.html">画展宣传</a></li>
33              </ul>
34            </li>
35            <li class="ph_nav_li">新闻要论
36              <ul class="ul">
37                <li><a href="news.html">要闻要论</a></li>
38              </ul>
39            </li>
40          </ul>
41        </div>
42      </div>
```

步骤 2-1-2：编写新闻列表部分 HTML 结构。

```html
43      <!-- 新闻列表部分 -->
44      <div class="news_list_com">
45        <h3><span>新闻列表</span><a href="#">更多&gt;&gt;</a></h3>
46        <ul>
47          <li>
48            <a href="news_son.html">"学习党史、不忘初心"主题活动——参观西安事变纪念馆</a>
49            <span> 2021年05月26日 </span>
50          </li>
51          <li>
52            <a href="#">"重温峥嵘岁月"，火速召开党务工作培训会议</a>
53            <span>2021年05月26日</span>
54          </li>
55          <li>
56            <a href="#">成功举办第三次学习——"读文献 学党史"主题活动</a>
57            <span>2021年05月26日</span>
58          </li>
59          <li>
60            <a href="#">积极筹划"传承红色基因 礼赞建党百年"主题活动</a>
61            <span>2021年05月26日</span>
62          </li>
63          <li>
64            <a href="#">分享建党100周年系列活动——"赏名画 学党史"观后感</a>
65            <span>2021年05月26日</span>
66          </li>
67          <li>
68            <a href="#">召开党史学习教育动员部署大会暨第一次党史教育学习交流活动</a>
69            <span>2021年05月26日</span>
```

```
70              </li>
71          </ul>
72      </div>
73      <!-- 底部 -->
74      <div class="footer_bg">
75          <div class="container">
76              <div class="row footer">
77                  <div class="copy text-center">
78                      <img alt="">
79                      <p>
80                          <span>
81                              欢迎您来到党史学习教育网<br>
82                              地址：西安市鄠邑区人民路8号 <br>
83                              建设与运维：尚云公司技术部<br>
84                              手机号码：158××××9875<br>
85                              版权所有©×××× 陕ICP备0800××××号
86                          </span>
87                      </p>
88                  </div>
89              </div>
90          </div>
91      </div>
92  </body>
93  </html>
```

步骤 2-2：编写 news.css 代码．

步骤 2-2-1：编写新闻容器样式。

```
1   /* 新闻主体样式 */
2   .news_list_com{
3       width: 1000px;
4       height: 320px;
5       border:1px solid #ddd;
6       margin: 50px auto 0;
7       overflow: hidden;
8   }
9   /* 新闻标题样式 */
10  .news_list_com h3{
11      width: 900px;
12      height: 50px;
13      border-bottom: 1px solid #ddd;
14      margin: 0px auto;
15  }
```

步骤 2-2-2：编写新闻标题文本样式。

```
16  /* 标题文本样式 */
17  .news_list_com h3 span{
18      float: left;
19      height: 50px;
20      border-bottom: 2px solid red;
21      font:18px/50px 'Microsoft Yahei';
22      color: #000;
23      padding: 0 15px;
```

```
24      position: relative;
25  }
26  .news_list_com h3 a{
27      float: right;
28      font:14px/14px 'Microsoft Yahei';        /* font：字体大小/行间距大小 */
29      color: #666;
30      text-decoration: none;
31      margin-top: 28px;
32  }
```

步骤2-2-3：编写新闻列表项样式。

```
33  /* 鼠标悬停时字红色 */
34  .news_list_com h3 a:hover{
35      color: red;
36  }
37  /* 新闻列表容器样式 */
38  .news_list_com ul{
39      list-style: none;
40      padding: 0;
41      width: 900px;
42      height: 238px;
43      margin: 7px auto 0;
44  }
```

步骤2-2-4：编写新闻列表文字样式。

```
45  /* 每条新闻样式 */
46  .news_list_com ul li{
47      height: 38px;
48      border-bottom: 1px solid #ddd;
49  }
50  .news_list_com ul a{
51      float: left;
52      height: 38px;
53      line-height: 38px;
54      font:14px/38px 'Microsoft Yahei';
55      text-decoration: none;
56      color: #000;
57      text-indent: 30px;                 /* 首行缩进 */
58  }
59  .news_list_com ul a:hover{
60      color: red;
61  }
```

步骤2-2-5：编写右侧新闻发布时间样式。

```
62  /* 新闻发布时间样式 */
63  .news_list_com ul span{
64      float: right;
65      height: 38px;
66      line-height: 38px;
67      font:14px/38px 'Microsoft Yahei';
68      color: #000;
69  }
```

帆凯已经完成新闻要论——要闻要论页面功能，效果如图1-2-24所示。

图 1-2-24 "新闻要论"界面效果

步骤 2-3：编写 news_son.html 代码。

此部分内容为单击第一条新闻跳转的页面。新闻详情 HTML 结构如下。

```
44    <!-- 新闻部分HTML结构 -->
45    <div class="news">
46    <h1>"学习党史、不忘初心"主题党日活动——参观西安事变纪念馆</h1>
47    <!-- 新闻头部 -->
48    <div class="news_header" style="text-align:center; font-size: 16px; margin: 10px auto;">
49       <a href="#">党史学习教育网——校园日报</a>
50       2021年05月26日18:06
51    </div>
52    <!-- 新闻主题 -->
53    <div class="news_body">
54       <p style="text-indent: 2em;">
55       2021年5月26日，学生党支部组织开展了"学习党史、不忘初心"主题党日活动，全体党员参观了西安事变纪念馆。
56       </p>
57       <p style="text-indent: 2em;">
58       我和大多数同学一样，在历史课本里学过"西安事变"，但从未到过事件发生地。感谢学院老师们的精心组织，让我们有机会来到西安事变纪念馆进行实地深入学习党史。
59       </p>
60       <p style="text-indent: 2em; margin: 15px 0 ;">
61       通过讲解员的介绍，我们了解到，西安事变纪念馆是以张学良公馆、杨虎城止园别墅为基础而建立的遗址性博物馆，也是全国首批百个爱国主义教育示范基地。经过一个多小时的参观学习，同学们对"西安事变"的来龙去脉有了更加清楚的认识。
62       </p>
63       <p style="text-indent: 2em; margin: 15px 0 ;">
64       1935年，中国共产党发布《八一宣言》，提出抗日民族统一战线的主张。东北军与西北军厌恶内战，张学良、杨虎城等军队领导人与共产党及红军进行联系，初步奠定了三方共同抗日的基础。1936年12月12日，张学良、杨虎城在西安发动兵谏，逼迫蒋介石抗日。中共中央分析国内外形势，确定和平解决事变的方针。17日，周恩来率领中共代表团来到西安与张学良、杨虎城会谈，主张和平解决西安事变。25日下午，张学良护送蒋介石乘飞机离开西安，西安事变得以和平解决。
```

```
65              </p>
66              <div class="lgew01">
67                      <img src="../images/西安事变.jpg">
68              </div>
69              <p style="text-indent: 2em; margin: 15px 0 ;">
70                      中国共产党人以爱国主义精神和民族团结为出发点,制定和平解决西安事变的方
                        针,最终促使"西安事变"得以和平解决,为抗日战争的胜利奠定了基础。
71              </p>
72              <!-- 图片区域 -->
73          </div>
74          <div class="edit_cf">(记者:刘帆凯,编辑:郭柏良)</div>
75      </div>
76      <!-- 底部 -->
77      <div class="footer_bg">
78          <div class="container">
79              <div class="row  footer">
80                  <div class="copy text-center">
81                      <img alt="">
82                      <p>
83                          <span>
84                              欢迎您来到党史学习教育网<br>
85                              地址:西安市鄠邑区人民路8号 <br>
86                              建设与运维:尚云公司技术部<br>
87                              手机号码:158××××9875<br>
88                              版权所有©×××× 陕ICP备0800××××号
89                          </span>
90                      </p>
91                  </div>
92              </div>
93          </div>
94      </div>
95  </body>
96  </html>
```

步骤 2-4:编写 news_son.css 代码。

步骤 2-4-1:编写新闻主体代码。

```
1   /* 新闻容器介绍 */
2   .news{
3       width: 800px;
4       margin: 30px auto;
5   }
6   /* 新闻标题样式 */
7   .news h1{
8       font-size: 38px;
9       font-weight: 500;
10      line-height: 46px;
11      margin: 5px auto 15px auto;
12      text-align: center;
13  }
14  .news_header{
15      text-align: center;
16      margin: 10px auto;
17  }
```

步骤 2-4-2：编写新闻内容主体文本样式。

```css
18      /* 新闻主体文本样式 */
19      p{
20          margin-top: 23px;
21          text-align: justify;        /*改变字与字之间的间距使得每行对齐*/
22          font-size: 20px;
23          line-height: 38px;
24      }
25      /* 图片居中 */
26      .lgew,.lgew01{
27          text-align: center;
28      }
29      /* 责任编辑样式 */
30      .edit_cf{
31          font-size: 16px;
32          text-align: right;
33      }
```

正所谓"一鼓作气势如虎"，帆凯已经完成所有子页面的开发任务。首条新闻页面（参观西安事变纪念馆）效果如图 1-2-25 所示。

图 1-2-25　首条新闻（参观西安事变纪念馆）页面效果

任务评价

任务要求：提交包含"注册登录＋首页＋子页面"的源码包。

考核方式：学生互评，教师点评。

评价标准：任务评价表，见表 1-2-10。

表 1-2-10　任务评价表

任务名称："党史学习教育网"功能完善	任务承接人： 交付日期：	
项目要求	评价标准	成绩
HTML 要求（40分）	1. 子页面数量达标（10分） 2. HTML 结构明了，缩进清晰（20分） 3. HTML 引入文件准确，未出现错误（10分）	
CSS 样式（60分）	1. CSS 代码遵循"由大到小"原则，代码简洁（20分） 2. CSS 代码语法正确，选择器书写无误（20分） 3. CSS 代码动画效果无缺陷（20分）	
总分		
评价人	评价级别（√）	备注
个人	□优秀　□良好　□合格　□不合格	
老师	□优秀　□良好　□合格　□不合格	

拓展训练

一、选择题

1. CSS 中的注释为（　）。

    A. <!-- -->　　　B. /* */　　　C. /* /*　　　D. * *

2. 下列关于取消标签默认样式的操作中，错误的是（　）。

    A. body,ul{margin:0; padding:0;}

    B. li{list-style:none;}

    C. a{text-decoration:none;color:#000;}

    D. i { font-style: common}

3. 下列关于选择器权重优先级的说法中，正确的是（　）。

    A. 标签选择器＜类选择器＜ID 选择器

    B. 类选择器＜ID 选择器＜标签选择器

    C. ID 选择器＜标签选择器＜类选择器

    D. 标签选择器＜ID 选择器＜类选择器

二、判断题

1. !important 的权重最高。　　　　　　　　　　　　　　　　　　　　（　）

2. a 标签默认带下划线。　　　　　　　　　　　　　　　　　　　　　（　）

单元三　数据交互阶段

任务 6　搭建 Web 服务器环境

任务导入

"党史学习教育网"的功能完善任务已经完成，下一步要实现注册登录的数据交互，这就必须要搭建 Web 服务器环境。

那么，如何搭建 Web 服务器呢？搭建 Web 服务器需要完成 Apache+PHP 模块安装，MySQL 数据库安装也是必不可少的，这些模块之间如何配合工作呢？被这些问题困扰的泉泉，最终在老师的指导下逐步完成了这个任务。

技能目标

- 认识 Apache、PHP、MySQL 工具。
- 明确 Apache、PHP、MySQL 的作用。
- 能够独立搭建 Apache、PHP、MySQL 环境。
- 学会使用 Navicat 数据库管理工具。

任务描述

真实的网站项目需要挂载到 Web 服务器环境下，用户则通过服务器访问网站，"党史学习教育网"也不例外。Web 服务器环境是指在 Windows 操作系统上由 Apache+PHP+MySQL 所搭建的 Web 服务功能。

我们将从 Apache、PHP、MySQL 分别是什么开始介绍，通过分别讲解 Apache、PHP、MySQL 的安装步骤，指导同学们完成搭建 Web 服务环境的任务。

前导知识

泉泉考虑到实现前后台数据交互，需要搭建 Web 服务器环境。那么 Web 服务器环境又包含哪些模块呢？让我们跟随泉泉一起学习吧。

一、Web 前端服务器

当我们访问一个网站的时候，是谁在给我们提供丰富的网页内容？答案是 Web 前端服务器。

浏览器可以通过互联网向服务器发送请求，例如我们在浏览器的地址栏中输入 http://qq.com 后，按回车键，浏览器就会向腾讯服务器发送一个请求，服务器接到请求之后，会把腾讯新闻内容以报文的方式发送给浏览器（其中包括 HTML、CSS 和 JS 文件），最终

【爱动脑】

请思考：首页直接访问和通过 Web 服务器访问有什么区别？

通过浏览器把网页展示给我们。二者的交互过程如图 1-3-1 所示。

图 1-3-1　客户端—服务器端交互过程

在这个过程中，我们需要知道以下概念：

请求：用户向服务器提交数据需求。

响应：服务器向用户返回相应数据。

地址：通过网站域名或 IP 地址访问网站，域名或 IP 就是这个网站的地址。

那么，在本地搭建的 Web 服务器，有哪些服务器可供我们选择呢？

1. Apache 服务器

Apache 服务器全称是 Apache HTTP Server，它是由 Apache 软件基金会推出的网页服务器，具有开放源码的特点。Apache 服务器支持跨平台使用，可以运行在 Linux 系统、Windows 系统和 UNIX 系统上。因此，全球许多知名的网站都是 Apache 服务器的用户。

Apache HTTP 服务器也是一款支持模块化的服务器，几乎可以运行在所有计算机平台上，当之无愧地成为了全球使用率排名第一的 Web 服务器。

2. Nginx 服务器

Nginx 服务器是由伊戈尔·赛索耶夫开发的，目前版本已更新至 1.90.10。

与 Apache 服务器相比，Nginx 服务器具有轻量级的特点。因此，它占内存少，但这不影响它强大的并发能力。

在中国，使用 Nginx 网站的大型用户有网易、腾讯、百度等。

3. Tomcat 服务器

Tomcat 服务器与 Apache 软件基金会有着千丝万缕的关系。它的开发生产是由 Apache、Sun 公司及个人共同完成的。

Tomcat 具有代码开源的特点。它比多数商业级服务器更好。但是，Tomcat 也有短板，它对静态页面的处理比较弱，高并发处理能力远不及 Nginx 服务器。

学习了服务器的相关知识，如果没有可运行在服务器端的脚本，还是无法为客户端提供服务。因此，我们跟随泉泉一起来学习脚本开发语言——PHP。

二、PHP 语言

PHP 的全称是 Hypertext Preprocessor，中文翻译为"超文本预处理器"，主要运行在服务器端。把它运用在 Web 前端开发再合适不过了，因为它可以嵌入 HTML 中使用。

PHP 语法特点结合了 C 语言、Java 等开发语言的特点，它为 Web 前端开发工作的快速进行提供了有利条件。PHP 语言程序不仅应用在 Web 服务端开发领域，还能在命令行和桌面级程序的编写上发挥优势。

另外，在与其他开发语言的协同方面，PHP 语言也有很优秀的表现，它已经实现了对 Java 对象的连接。

【敲黑板】

Apache 安装过程需熟练掌握。

PHP 语言具有如下特点：

（1）开源免费。PHP 源代码是公开的，用户可根据自身需求动态地更改 PHP 源代码。值得一提的是，PHP 提供的运行环境是免费的。

（2）扩展性强。全球超过 81.7% 的公共网站服务器端采用 PHP 来提供服务。PHP 内置了许多常用的数据结构，使用起来一点都不烦琐。毋庸置疑，PHP 是全球流行的编程语言之一。

（3）高效便捷。PHP 可以完成对很多主流数据库的连接和操作，如 MySQL、ODBC、Oracle 等。

（4）容易上手。PHP 语法规则很简洁，对同学们而言，它是很容易学习并使用的语言。它的语法特点与 C 语言很类似，但是比 C 语言的操作简单明了。PHP 引入了面向对象的编程思想，实用性很强。

最后，我们还缺少一个重要模块，那就是数据库。实现交互的数据需要存储在数据库中，这样就实现了前端数据的灵动。这里，我们来认识 MySQL 数据库，它是 PHP 的黄金搭档。

三、MySQL 数据库

MySQL 由瑞典 MySQL AB 公司完成开发，是 Oracle 旗下的产品。

MySQL 是关系型数据库，关系型数据库不是将所有数据存放在一个数据池内，而是将数据存储在不同的数据表中。这样提升了运行速度，从而提升工作效率。

MySQL 使用的 SQL 语句是访问数据库时常用的标准化语句。MySQL 软件分为社区版和商业版，它具有轻巧、运行速度快、使用成本低等特点。

另外，MySQL 具有开源的特点。因此，在 Web 应用方面，它体现出卓越的性能。一般中小型网站开发都以 MySQL 作为网站数据库的首选。

MySQL 的特点如下：

（1）能同时处理不限用户数量的任务。

（2）开源、独立性强、几乎零成本使用。

（3）体积轻巧、安装简单、上手快、易于维护。

不难发现，在以上介绍的软件中包括 Web 服务器、服务器端脚本语言、数据库。其实，在 Windows 操作系统中完成这 3 种软件搭建并进行模块引入，就构成了本地的 Web 服务器环境。在后续的介绍中将一一演示安装过程。

最后，介绍一款简单高效的集成软件，这类软件优点是安装简单快捷，功能高度集成，便于同学们快速搭建起服务器环境。

四、PhPstudy

PhPstudy 是一款 Web 服务器程序集成包，如图 1-3-2 所示。需要使用的读者可以在官网 https://www.xp.cn/ 自行下载，安装很容易，本书不再介绍。PhPstudy 旨在"让天下没有难配的服务器环境，解放运维"，这句话体现出其方便快捷的使用特点。

在 Windows 环境下完成开发环境搭建，对初学者而言是很有难度的事情。对于高手而言，同样也是一件烦琐的事。

因此，无论你是初学者还是高手，安装 PhPstudy 集成软件包都是一个明智的选择。

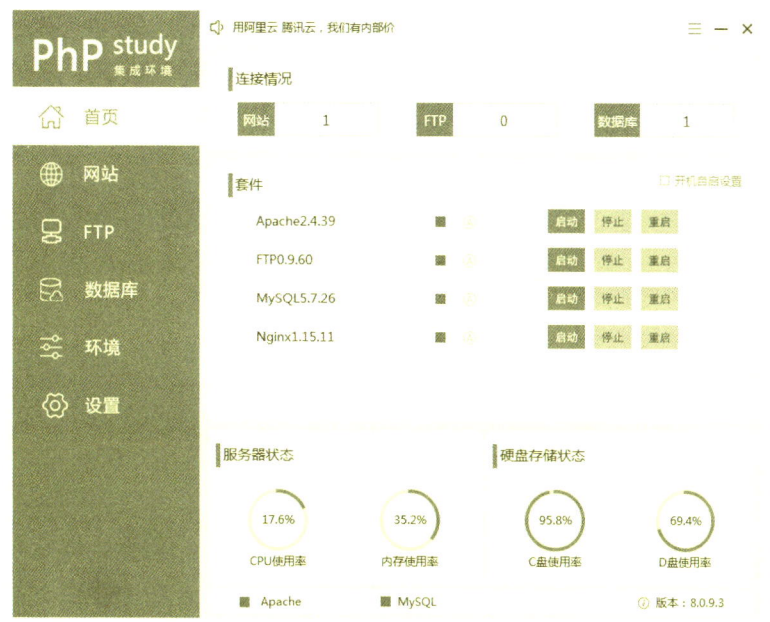

图 1-3-2　PhPstudy 操作界面

【想一想】

既然有高效快捷的 Web 服务器集成软件，为什么还要自己搭建 Web 服务器环境呢？

任务准备

知识与技能目标

在本次任务中，我们需要掌握以下知识与技能：

（1）安装并配置 Apache 服务器。

（2）安装 PHP 开发环境并关联 Apache 模块。

（3）安装并配置 MySQL 数据库。

任务思考

泉泉认真对待本次任务，在开始任务前，他考虑到需要注意如下问题：

（1）确定安装软件的版本。

（2）配置文件在配置时需要格外认真，避免误操作。

任务分解

泉泉将此次任务分为如下步骤：

（1）Apache 服务器安装与配置。

（2）PHP 开发环境安装与配置。

（3）MySQL 安装与配置。

（4）Navicat for MySQL 安装使用。

任务实施

步骤 1：安装与配置 Apache 服务器。

下载 Apache 压缩包，完成安装与配置，确保测试无误。

搭建 Web 服务需要从哪里入手呢？泉泉同学很苦恼，在老师的指导下，泉泉同学很快决定先从安装 Apache 服务开始。我们也跟随泉泉的步伐依次完成后面的安装任务吧。

步骤 1-1：获取 Apache 并解压到指定目录。

Apache 可以在官方网站（http://httpd.apache.org/download.cgi#apache24）进行下载，

Apache 安装过程

本书提供的 Apache 版本为 2.4.46，如图 1-3-3 所示，单击 Windows 版本下载。读者在学习过程中可以获取 2.4.x 的最新版本，选择新版本下载学习也是可以的。

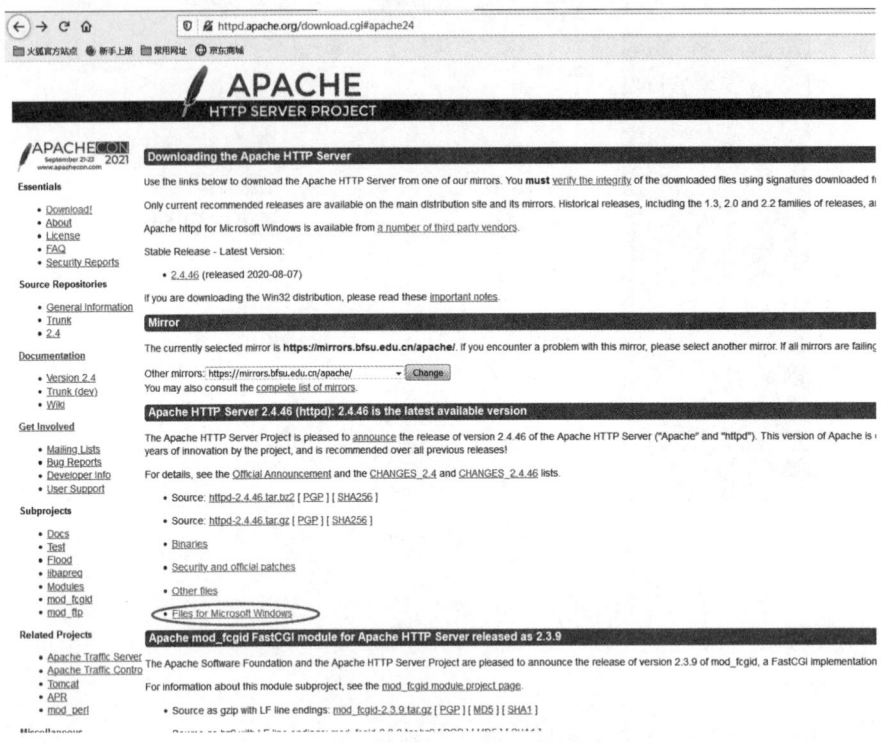

图 1-3-3　Apache 下载链接

进入新页面后，我们以 Apache Lounge 网站编译版本为例（图 1-3-4），选择版本 httpd-2.4.48-win64-VS16.zip 进行下载即可。

知识链接：为确保 Apache 服务的成功安装，在安装 Apache 前需要先在 Windows 系统中安装运行库 vc_redist_x64，下载后运行即可，如图 1-3-4 所示。

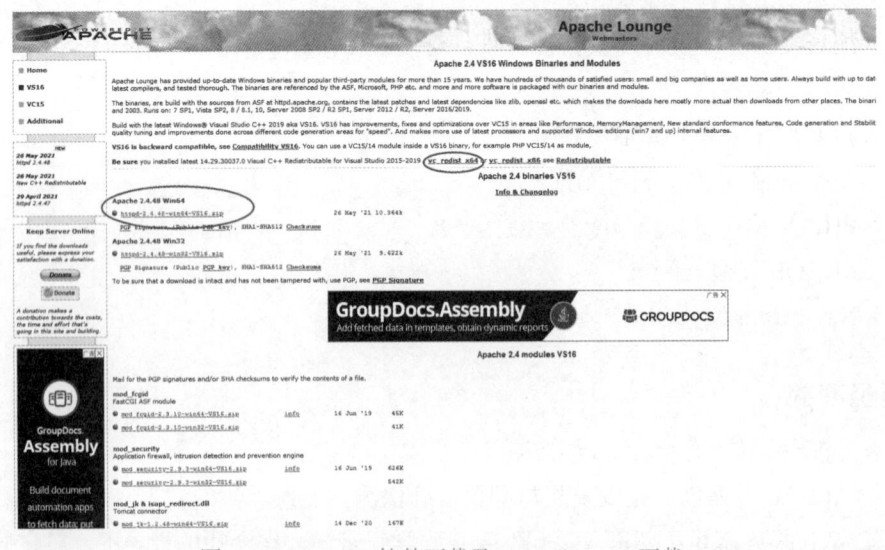

图 1-3-4　Apache 软件下载及 vc_redist_x64 下载

在 F: 盘创建名为 Web 的文件夹，在 Web 文件夹中新建名为 Apache 的文件夹，将下载好的压缩包存放到 Apache 文件夹下并完成解压，如图 1-3-5 所示。

图 1-3-5　Apache 解压

步骤 1-2：配置 Apache。

使用 HBulider 编辑器打开 conf 目录下的 httpd.conf 文件，找到第 37 行配置，将 SRVROOT 值改为实际安装目录 F:/Web/Apache/Apache24，如图 1-3-6 所示。

知识链接：在配置文件中，分隔符使用斜杠"/"而不是反斜杠"\"，以避免将反斜杠"\"解析为转义字符。

```
37  Define SRVROOT "F:/Web/Apache/Apache24"
38
39  ServerRoot "${SRVROOT}"
40
41  #
```

图 1-3-6　修改 SRVROOT 值

配置服务器域名，在 Apache 配置文件中搜索关键字 ServerName，将其对应值改为 127.0.0.1 或 localhost。大家不要忘记把开头的"#"去掉，表示打开注释，这样才能使最新的配置生效，如图 1-3-7 所示。

```
225  # If your host doesn't have a registered DNS name, enter its IP address here.
226  #
227  ServerName localhost
228
229  #
```

图 1-3-7　打开注释

步骤 1-3：安装 Apache，如图 1-3-8 所示。

以管理员身份运行 Windows 系统命令行——CMD 工具；输入并执行命令 cd F:\Web\Apache\Apache24\bin；输入并执行命令 F:，切换到 F 盘根目录下；输入并执行命令 httpd -k install -n Apache2.4，开始安装。

知识链接：httpd -k install -n Apache2.4 之中，httpd 是指 Apache 服务程序 httpd.exe，-k install 是将 Apache 安装为 Windows 系统的服务项，-n Apache2.4 是将安装的 Apache 服务名称设置为 Apache2.4。

如果读者需要卸载 Apache 服务，则可以使用"httpd -k uninstall -n 服务名称"完成卸载。

温馨提示：在调用 httpd.exe 注册 Apache 的服务时，弹出的这句话"Errors reported here..."并不是 error 信息，而是提示：如果这行下边出现错误，则解决错误后再启动。

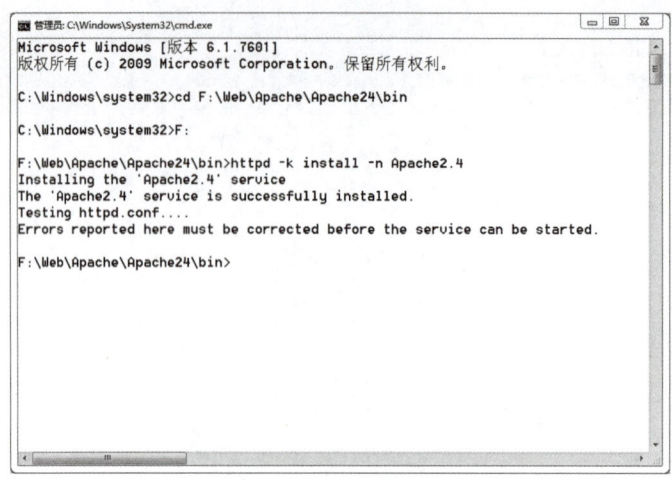

图 1-3-8　Apache 安装过程

步骤 1-4：启动 Apache 服务。

在 F:\Web\Apache\Apache24\bin 中找到 ApacheMonitor.exe（这是 Apache 提供的服务监视工具），双击打开它，在 Windows 右下角会出现小图标，单击该图标会弹出控制菜单，如图 1-3-9 所示，可以选择 Start（启动服务）、Stop（停止服务）或 Restart（重启服务）。在该界面单击 Restart 按钮重启服务，若显示绿色则表示重启成功，若为红色则表示 Apache 服务启动失败，这时需要认真检查配置文件是否正确。

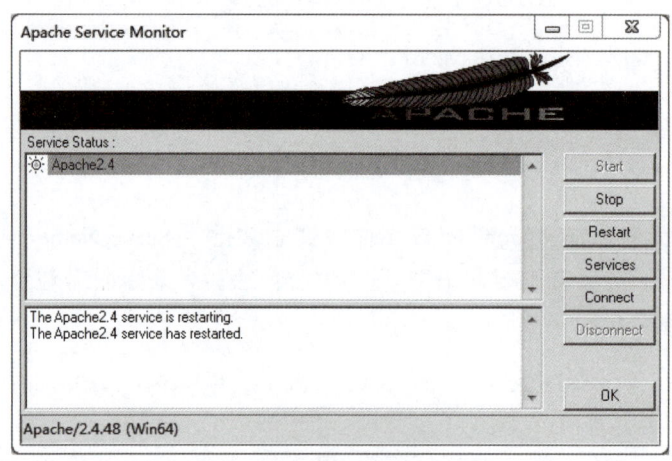

图 1-3-9　Apache 操作面板

步骤 1-5：访问测试。

在这一步，我们需要认识 F:\Web\Apache\Apache24\htdocs 这个目录，它是服务器根目录，目录内的文件都是 Apache 服务器提供服务的对象。可以看到该目录下只有一个 index.html 文件，我们可以通过 http://localhost/ 来访问它。如图 1-3-10 所示，"It works!"表示 Apache 服务可以正常运行了。

图 1-3-10　访问测试

将"党史学习教育网"项目源码存放到 htdocs 目录下,就可以通过 Apache 服务访问页面了。

步骤 2:PHP 开发环境安装与配置。

下载 PHP 压缩包,完成安装与配置,确保测试无误。

Apache 需要配合引入 PHP 模块才能实现服务器端的功能,让我们来安装配置 PHP 模块吧。在 Windows 中,我们可以将 PHP 作为 Apache 的模块使用。接下来,讲解 PHP 作为 Apache 模块的安装方式。

PHP 安装过程

步骤 2-1:获取并解压 PHP。

在 Web 目录下新建 php8.0 目录,打开 PHP 官网(https://www.php.net/),单击 windows.php.net/download/ 下载 0.6-nts-Win32-vs16-x64.zip,这是与 Apache 搭配的 Thread Safe(线程安全)最新版本,将其解压后保存到 F:\Web\php8.0 目录中,如图 1-3-11 所示。

图 1-3-11　PHP 解压

步骤 2-2:创建 php.ini 配置文件。

PHP 本身提供 php.ini-development(开发环境配置模板)和 php.ini-production(生产环境配置模板)。在本书中,推荐选择前者作为配置文件。

这一步很简单,只需在 PHP 安装目录下复制一份 php.ini-development 文件,命名为 php.ini,这个文件就是 PHP 的配置文件。

步骤 2-3:在 Apache 中引入 PHP 模块。

打开 Apache 配置文件 F:\Web\Apache\Apache24\conf\httpd.conf,定位在第 185 行(前面有一些 LoadModule 配置),将 PHP 中的 Apache 2.4 模块引入,具体配置如下:

```
1  LoadModule php_module "F:/Web/php8.0/php8apache2_4.dll"
2  <FilesMatch "\.php$">
3         setHandler application/x-httpd-php
4  </FilesMatch>
5  PHPIniDir  "F:/Web/php8.0"
6  LoadFile  "F:/Web/php8.0/libssh2.dll"
```

知识链接：在上述配置中，第 1 行表示加载 Apache 模块，第 2 ~ 4 行是将 ".php" 扩展名的文件交给 PHP 解析，第 5 行用于指定 PHP 配置文件 php.ini 的路径，第 6 行是指加载 PHP 目录中的 libssh2.dll 文件，用于确保 PHP 中 cURL 扩展能够正确加载。

步骤 2-4：测试 PHP 是否安装成功。

修改 Apache 配置文件后，一定要重新启动 Apache 服务，这样才能使配置生效。配置完成后的第一步就是要检查 PHP 是否安装成功，我们在 Apache 的 Web 站点目录 htdocs 文件（上文中提到的服务器根目录）下创建一个名为 test.php 的文件，并在文件中添加以下内容：

```
1 <?php
2     phpinfo();
3 ?>
```

然后使用浏览器访问地址 http://localhost/test.php，如果看到图 1-3-12 所示的结果，表示 PHP 配置成功；否则，就要检查以上的配置步骤是否有误。

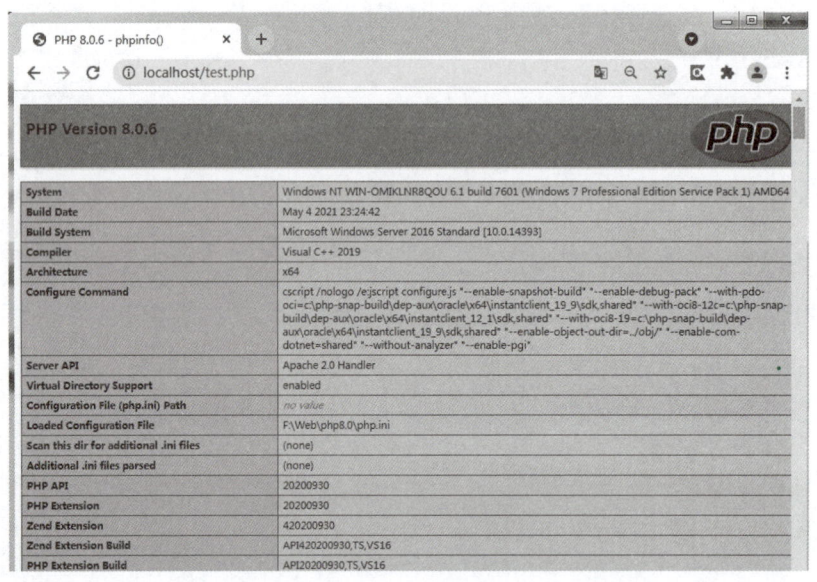

图 1-3-12　PHP 访问测试

步骤 2-5：开启常用的 PHP 扩展。

在 PHP 的安装目录中可以找到 ext 目录，PHP 的扩展全部放在这里。初始情况下，PHP 扩展是全部关闭的，开发者要根据实际使用情况手动打开相应的扩展。只有开启了相应的扩展功能，PHP 才能发挥它的优势。开启 PHP 扩展的操作如下：

（1）打开 php.ini 文件，搜索 extension_dir，找到如下配置：

```
;extension_dir = "ext"
```

定位到这行配置注释，删除行首的";"，将其值改为 PHP 扩展的真实路径，具体如下：

```
extension_dir = "F:/Web/php8.0/ext"
```

（2）搜索";extension="关键字，找到载入扩展的配置信息，删去行首的";"，才可以使配置生效。目前开发需要开启的扩展具体如下：

```
extension=curl
extension=mbstring
extension=mysqli
extension=openssl
```

在这里，简单解释一下上述已开启的扩展：curl 扩展常用于 PHP 请求其他服务器；mbstring 扩展负责多字节字符处理功能；mysqli 用于访问 MySQL 数据库，只有开启了这个扩展才能快速、高效地操作 MySQL 数据库；openssl 扩展常用于加密和解密。有兴趣的读者可以了解其他扩展功能，这里不再赘述。

（3）保存配置文件后，一定要记得重启 Apache 服务，这样才能使以上配置生效。刷新 test.php 后，可以在页面中看到这些扩展的信息。在浏览器中，按 Ctrl+F 组合键，输入 mysqli 进行搜索，如图 1-3-13 所示。

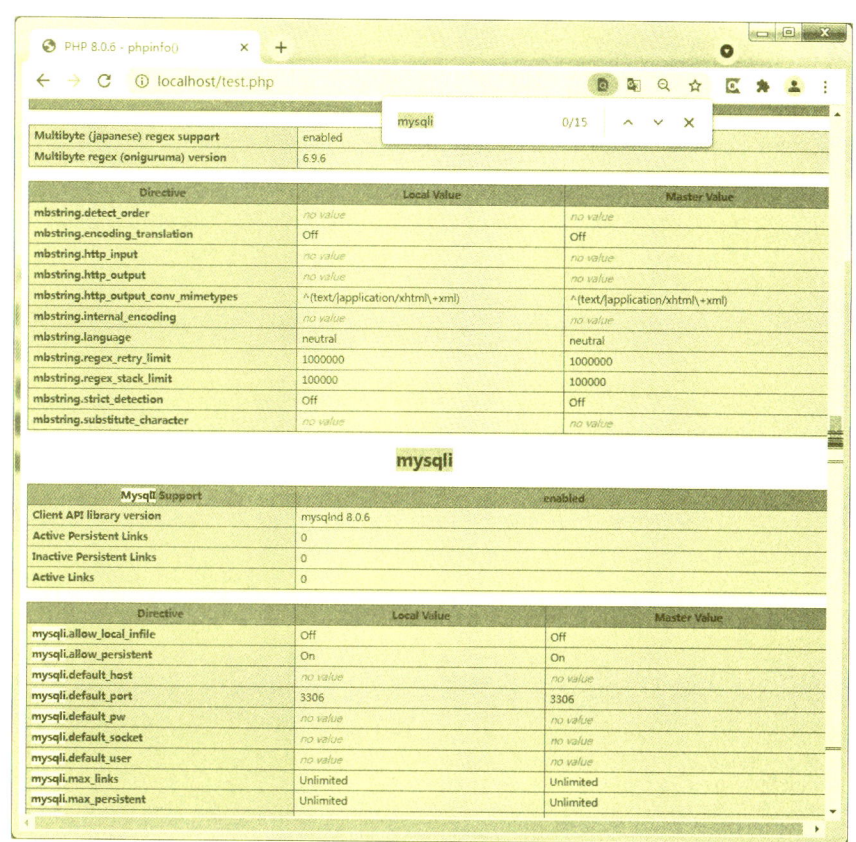

图 1-3-13　检查 mysqli 扩展是否开启

步骤 3：MySQL 安装与配置。

下载 MySQL 压缩包，完成安装与配置，确保测试无误。

完成了 Apache 和 PHP 的安装与配置，则 Web 前端服务器的搭建已经基本完成，还需要将前端请求的数据存储到数据库中，才能真正完成一次数据交互。因此，泉泉还需要安装一个数据库，数据库首选 MySQL。

步骤 3-1：获取并解压 MySQL。

在 Web 目录下新建 mysql8.0 目录。打开 MySQL 的官网（https://www.mysql.com/），获取社区版（Community）中的压缩包版本 mysql-8.0.25-winx64.zip，如图 1-3-14 所示。然后将其解压保存到 F:\Web\mysql8.0 目录中，如图 1-3-15 所示。

步骤 3-2：安装 MySQL。

以管理员身份运行命令行工具 CMD，输入以下命令开始 MySQL 的安装（图 1-3-16）：

```
cd  F:\Web\mysql8.0\mysql-8.0.25-winx64\bin
mysqld -install mysql8.0
```

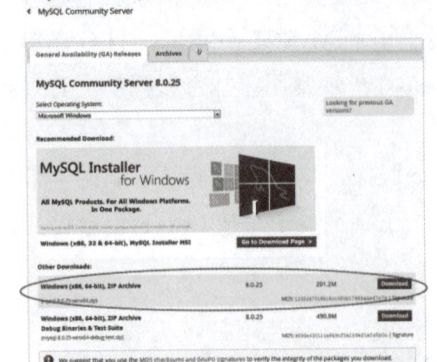
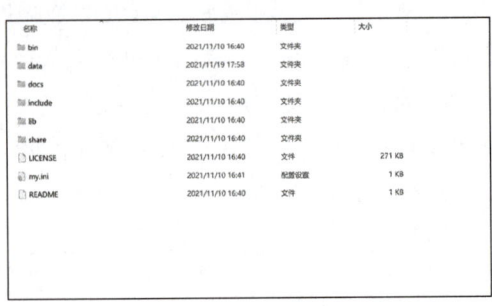

图 1-3-14　MySQL 下载　　　　　图 1-3-15　MySQL 解压

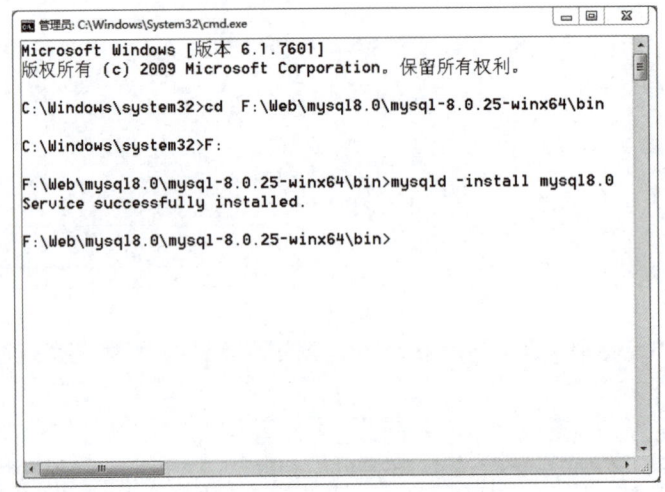

图 1-3-16　MySQL 安装过程

知识链接：命令中 mysqld 指的是 MySQL 的服务程序——mysqld.exe，-install 代表安装操作，mysql8.0 是安装的服务名称。安装成功后，如需卸载，只需将上述命令中的关键字 -install 改为 -remove 即可。

步骤 3-3：创建 MySQL 的配置文件。

创建配置文件 F:/Web/mysql8.0/mysql-8.0.25-winx64/my.ini，在配置文件中指定 MySQL 的安装目录（basedir）、数据库文件的保存目录（datadir）和端口号（port），配置内容如下：

```
[mysqld]
basedir=F:/Web/mysql8.0/mysql-8.0.25-winx64
datadir=F:/Web/mysql8.0/mysql-8.0.25-winx64/data
port=3306
```

步骤 3-4：初始化数据库。

创建 my.ini 配置文件后，数据库文件目录 F:/Web/mysql8.0/mysql-8.0.25-winx64/data 还没有创建，该目录用来存放数据表。

紧接着，完成 MySQL 的初始化过程，该过程会自动创建数据文件，具体命令如下：

```
mysqld --initialize-insecure
```

知识链接：在以上命令中，--initialize 关键字代表执行数据库初始化操作，-insecure 后缀代表忽略安全性。如果不加 -insecure 后缀，MySQL 将自动为默认用户 root 生成一组全随机的复杂密码，这会给用户初次使用数据库造成麻烦。加上 -insecure 后缀时，root 用户密码会设置为空。

步骤 3-5：启动 MySQL 服务。

继续以管理员身份运行命令行工具 CMD，以下命令可以启动或停止名称为 mysql8.0 的服务。

```
net start mysql8.0
net stop mysql8.0
```

步骤 3-6：登录 MySQL 服务器。

打开命令行，启动命令行客户端工具访问数据库，命令如下：

```
cd  F:\Web\mysql8.0\mysql-8.0.25-winx64\bin
mysql -u root
```

mysql 表示运行当前目录（F:\Web\mysql8.0\mysql-8.0.25-winx64\bin）下的 mysql.exe 程序。-u root 表示以 root 用户的身份登录，-u 和 root 之间的空格也可以省略。

成功登录 MySQL 服务器后，运行效果如图 1-3-17 所示。

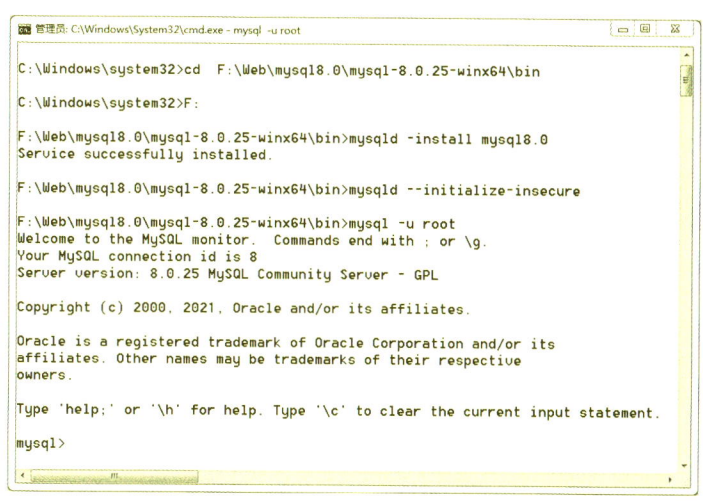

图 1-3-17　登录 MySQL 数据库

如果需要退出 MySQL，可以直接使用 exit 或 quit 命令。

步骤 3-7：设置用户密码。

在首次使用 MySQL 数据库时，建议为登录 MySQL 服务器的用户设置密码。这里以设置 root 用户的密码为例，登录 MySQL 后，执行如下命令进行密码的设置：

```
mysql> ALTER USER  'root'@'localhost' IDENDITIFIEIED BY '123456';
```

上述命令是为 localhost 主机中的 root 用户设置密码，密码为 123456。完成密码的设置之后，退出 MySQL，再次登录时就需要输入新的密码了。

登录 MySQL 数据库时也可以同时输入用户名和密码，命令如下：

```
mysql -uroot -p123456
```

知识链接：在上述命令中，-p123456 代表使用密码 123456 进行登录。如果希望登录时密码不被直接看到，可以省略 "-p" 后面的密码，直接按回车键，会提示输入密码。

至此，泉泉完成了基于 Apache+PHP+MySQL 的 Web 服务环境搭建工作。可是，泉泉对于 MySQL 数据库管理工作感到头疼，因为 MySQL 数据库自带的管理页面可视性太差了。

步骤 4：Navicat for MySQL 安装使用。

获取 Navicat for MySQL 安装包，完成安装，并完成创建 user_info 数据表。

这里，我们介绍一款管理 MySQL 数据库的神器——Navicat for MySQL，它是 MySQL 或 MariaDB 数据库的可视化管理界面，它可以同时连接 MySQL 和 MariaDB 数据库，与云数据库兼容性也很好，如华为云、阿里云。

Navicat for MySQL 是收费软件，它允许客户免费试用一个月。读者可以使用本书配套的 Navicat for MySQL10.0.11.zip。

Navicat for MySQL 简单易学，上手很快。这里简单讲解 Navicat for MySQL 的基本使用。

步骤 4-1：解压 Navicat for MySQL 安装包。

在 Web 文件夹下新建 Navicat for MySQL 文件夹，打开该文件夹，将下载好的 Navicat for MySQL10.0.11.zip 解压到当前文件夹中。打开名为 navicat.exe 的文件，单击左上角的"连接"按钮，在弹出的"新建连接"对话框中输入已经装好的 MySQL 用户名 root、密码 123456、端口号 3306、主机名 localhost，连接名自定义为 Ajax，如图 1-3-18 所示。

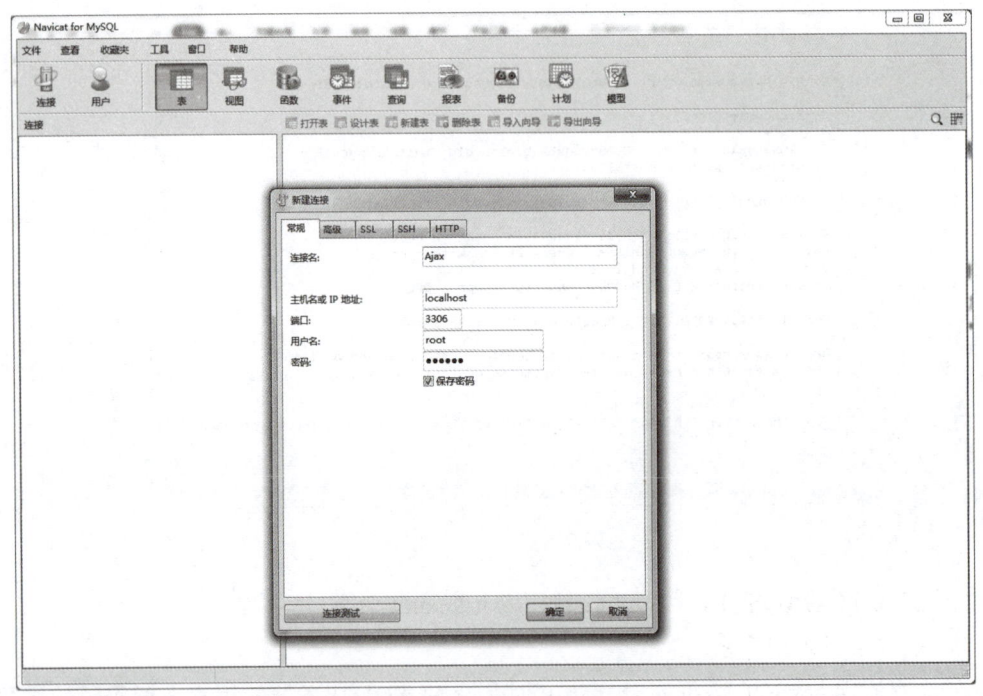

图 1-3-18　创建 Ajax 数据库

知识链接：在数据库连接时，如果出现错误提示"1251- Client does not support authentication protocol"，我们需要把 mysql 用户登录密码还原成 mysql_native_password。它的还原方法是：首先登录 mysql，然后输入命令"ALTER USER 'root'@'localhost' IDENTIFIED WITH mysql_native_password BY 'password'"更新用户的密码，其中 password 为自定义密码，接着通过 FLUSH PRIVILEGES 命令刷新权限即可解决。

步骤 4-2：建库建表。

进入 Ajax 连接，右击新建数据库，数据库名为 my_database，字符集设置为 utf8 -- UTF-8 Unicode，排序规则为 utf8_bin，如图 1-3-19 所示。

进入 my_database 数据库，右键新建表，首先设置 id 字段，类型为 int，在最右一栏把"小钥匙"点出来，这表示将 id 字段设置为主键，并勾选底栏"自动递增"。

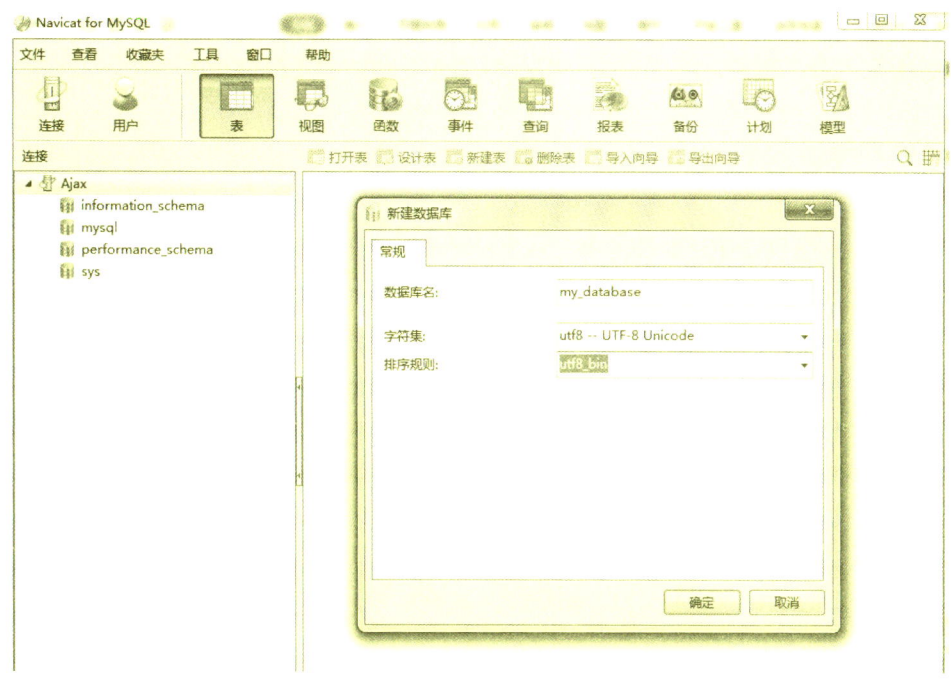

图 1-3-19　建库过程

选中 id 字段这一行，单击"添加栏位"，新增字段 username，其数据类型为 varchar，去除对"允许非空"复选项的勾选，在底栏将字符集选为 utf8，排序规则选为 utf8_bin。

采用同样的方式新增 password 字段和 qq 字段，新增的这两个字段属性与 username 属性基本一致，不同的是，qq 字段长度为 11 位。

单击上方的"保存"按钮，将表名命名为 user_info 后单击"确定"按钮，如图 1-3-20 所示。

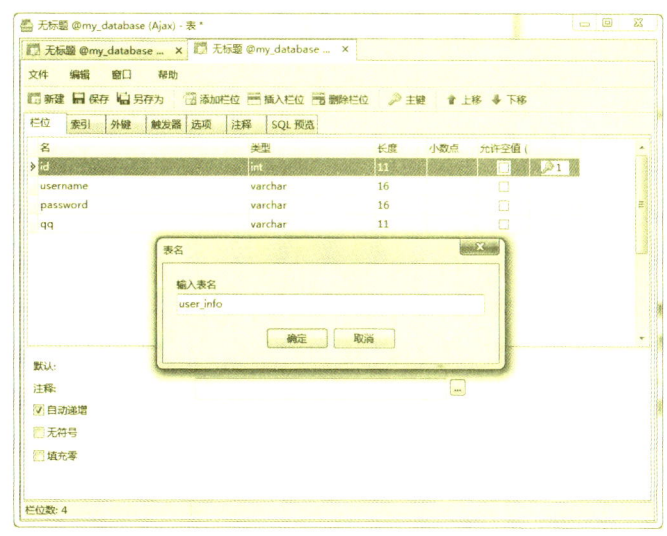

图 1-3-20　创建 user_info 表

知识链接：大家查看 user_info 数据表时，可能会发现主键 id 的长度为 0。遇到显示问题不要担心，通过查阅官网资料可知，MySQL 数据库从 8.0.17 版本开始，TINYINT、SMALLINT、MEDIUMINT、INT 和 BIGINT 类型的显示宽度将失效，因此它的实际长度依然为 11，大家不必担心。

至此，泉泉同学已经完成了对 Web 服务器的所有部署工作，也学会了 Navicat for MySQL 工具的基本使用，为客户端－服务器端交互功能的实现创造了条件。

任务评价

任务要求：在本地搭建 Web 服务器环境。

考核方式：学生互评，教师点评。

评价标准：任务评价表，见表 1-3-1。

表 1-3-1　任务评价表

任务名称：搭建 Web 服务器环境	任务承接人： 交付日期：	
项目要求	评价标准	成绩
Apache 部署（30 分）	完成安装（10 分） 完成配置（10 分） 测试成功（10 分）	
PHP 部署（30 分）	1. 完成安装（10 分） 2. 完成配置（10 分） 3. 测试成功（10 分）	
MySQL 部署（20 分）	1. 完成安装（10 分） 2. 完成配置（10 分）	
Navicat for MySQL 安装部署（20 分）	1. 完成安装（10 分） 2. 建库建表（10 分）	
总分		
评价人	评价级别（√）	备注
个人	□优秀　□良好　□合格　□不合格	
老师	□优秀　□良好　□合格　□不合格	

拓展训练

一、选择题

1. Apache 配置文件名为（　　）。

    A．httpd.conf　　B．http.conf　　C．php.ini　　D．my.cnf

2. 下列关于 Navicat 的说法正确的是（　　）

    A．是一套快速、可靠且价格相宜的数据库管理工具

    B．Navicat 是以直觉化的图形用户界面而建的

    C．它可以用来对本机或远程的 MySQL、SQL Server、SQLite、Oracle 和 PostgreSQL 数据库进行管理及开发

    D．Navicat 适用于 Windows 和 Linux 两种平台

二、判断题

1. Apache 安装后，apache 配置文件 httpd.conf 存放在目录 /etc/httpd/conf 下。　（　　）
2. PHP 不是开源的。　（　　）

任务7 "党史学习教育网"数据灵动

任务导入

"党史学习教育网"的Web服务器环境搭建已经完成了,可是具体如何通过代码实现数据灵动呢?这就需要通过Ajax交互技术,配合服务器端PHP脚本的业务逻辑处理来完成用户端—服务器端的数据交互。

说到这里,泉泉还是一头雾水,什么是Ajax技术呢?在老师的带领下,泉泉开启了探索之旅。

技能目标

- 理解Ajax概念。
- 运用Ajax实现发送请求。
- 掌握PHP基本操作。
- 熟悉PHP对MySQL的操作函数。

任务描述

"党史学习教育网"的数据灵动功能是指通过Ajax技术(异步的JavaScript与XML技术)搭载相应的PHP服务端代码业务逻辑,以JSON数据格式,最终实现用户端—服务器端数据的交互。

我们已经完成前端页面的开发,也学会了搭建Web服务器,那么,该如何完成此项任务呢?让我们跟随泉泉先来认识Ajax技术是什么吧!

前导知识

一、Ajax技术

通俗来讲,Ajax技术是实现前端(用户)与服务端交互的桥梁。Ajax异步请求过程是:用户通过浏览器向服务器端发送数据请求,服务端接收请求后进行数据处理,完成处理后将数据返回给浏览器(这个过程叫服务器响应过程),通过JavaScript技术更新原网页中的局部内容实现局部刷新,一次异步更新过程就完成了。

Ajax技术开启了Web前端开发的新纪元。用户浏览网页时无需重新加载页面,页面也能得到及时更新,这大大提高了用户的体验。因此,Ajax技术给Web前端开发带来了极大的便利。

但是,原生JavaScript实现Ajax技术的方式较为烦琐,它需要借助XMLHttpRequest对象,该对象主要负责前端与服务器端的数据交互任务。

创建XMLHttpRequest对象的语法:

```
var ajaxObj=new XMLHttpRequest();
```

但是,原生JavaScript对于老版本的IE浏览器(IE5和IE6)的兼容性不够好。所以,我们对原生JavaScript实现Ajax技术简单了解即可,无需深入探讨。

Ajax技术介绍

【知识提醒】
Ajax 技术的运用不需要在浏览器安装任何插件。

对于 Ajax 技术应用，我们有更加完美的办法——jQuery（它对 Ajax 请求操作实现了封装）。相较于原生 JavaScript 来说，jQuery 的 Ajax 请求操作无需考虑浏览器兼容性，代码更加简洁，便于上手使用。jQuery 实现 Ajax 请求方式见表 1-3-2。

表 1-3-2　jQuery 实现 Ajax 请求方式

属性类型	描述说明
$.load( )	服务器端返回数据，将返回的数据插入指定的元素
$.get( )	通过 Ajax GET 方式从服务器请求数据
$.post( )	通过 Ajax POST 方式从服务器请求数据
$.ajax( )	执行异步 Ajax 请求

其中，$.ajax( ) 是开发者最常用的请求方式，我们需要理解它的设置项，只有明确了每一个设置项的含义，我们才能实现完整的 Ajax 请求。表 1-3-3 中列出的是 $.ajax() 的常见设置项，$.ajax() 设置项还有 beforeSend、complete、timeout 等，这里不再列举。读者可以查阅相关资料进行学习。

$.ajax() 的语法如下：

$.ajax({name:value, name:value, ... })

$.ajax() 多个设置项之间用逗号分隔。

表 1-3-3　$.ajax() 常见设置项

属性类型	值 / 描述
type	设置数据请求的类型（取值 GET 或 POST）
url	设置请求的具体 URL 地址
data	设置请求到服务器的前端数据
dataType	规定服务器端返回的数据格式
success(data)	请求成功时的回调函数，服务器端返回的数据存在第一个参数中
error	请求失败时的回调函数

【想一想】
$.ajax( ) 内的设置项是否也是符合 JSON 格式的数据呢？

【知识提醒】
PHP 语言结尾";"是必要的，不能省略。PHP 语言也是弱类型语言，这点和 JavaScript 一样。

【爱动脑】
除了 echo，PHP 还有哪些输出方法呢？

【动手练习】
在 MySQL 数据库中创建空表，通过 mysqli_query() 对数据库进行增删改查操作。

二、JSON 数据格式

用户端—服务器端想要实现交互，就要规定一种统一的数据格式，就好似两个语言不同的人想要完成交流，双方需要规定同一种语言一样，这就是 JSON 数据格式。

JSON 语法拥有这 3 个特点：①每条数据以键值对（key:value 式）的形式存储，键值分别用英文双引号包裹起来；②每条数据由逗号分隔；③通过花括号保存对象。

例如，使用 JSON 数据格式表示用户信息，如图 1-3-21 所示。

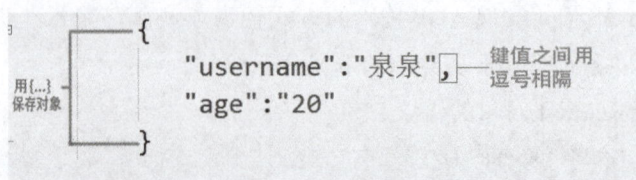

图 1-3-21　JSON 数据格式示例

获取 JSON 数据某个值时，可以用"对象.属性"获取相应的值。

三、PHP 基础

网页实现 Ajax 异步请求时，浏览器会向服务器端发送数据，服务器端接收用户端的数据后需要 PHP 来处理，最终将数据结果返回给用户端。因此，掌握 PHP 语言常见用法是完成服务器端代码编写的关键。接下来，我们一起学习 PHP 基础知识。

1. 输出方法

我们需要先学会输出的方法，这样才能保证代码随时可以测试。输出方法是 echo() 函数，它能够输出一个或多个字符串。

代码示例：

```php
<?php
    echo "Hello world!";
?>
```

2. 输出 JSON 格式数据

掌握了 JSON 输出方法，但是后台不会将数据转为 JSON 格式字符串可万万不行。

json_encode()：将关联数组转为 JSON 格式字符串。

代码示例：

```php
<?php
    json_encode(array("username"=>"otto","age"=>"18","sex"=>"男"));
?>
```

3. 接受前台数据

用户请求发送数据需要第一时间接收，后台可以用 $_REQUEST 超全局数组，用于收集 HTML 表单提交的数据，以 get/post 方式输送的数据都可以获取到。

代码示例：

```php
<?php
    $uname = $_REQUEST["username"];        //接收username
    $upwd = $_REQUEST["pwd"];              //接收password
?>
```

4. 输出对象

print_r()：可以打印出复杂类型变量的值（如数组、对象）。

代码示例：

```php
<?php
$arr = array("username"=>"otto","age"=>"18","sex"=>"男");
    print_r($arr);
?>
```

四、MySQLi 函数

PHP 之所以能操作 MySQL 数据库，是因为 PHP 拥有强大的数据库操作函数库，那就是 MySQLi 函数库，它是在 PHP 5.0.0 版本中引进的。在使用该库前，先要开启 MySQLi 扩展。在前面的任务中我们已经完成了开启。

这里需要掌握 MySQLi 函数库常用的使用方法。

1. 数据库连接函数

mysqli_connect(): 打开一个到 MySQL 服务器的新的连接。

代码示例：

```php
<?php
$link = mysqli_connect("localhost:3306","root","123456");
?>
```

2. 选择要操作的库

mysqli_select_db()：连接默认操作的数据库。

代码示例：

```php
<?php
    mysqli_select_db($link,"ajaxbd");
?>
```

3. 执行 SQL 语句

mysqli_query(): 执行数据库查询语句。

代码示例：

```php
<?php
$sql_select = "select password from userinfo where username= '$uname'";
    $res = mysqli_query($link,$sql_select);
?>
```

4. 取得查询结果

mysqli_fetch_assoc()：结果集中取得一行结果作为关联数组。

代码示例：

```php
<?php
    $res = mysqli_query($link,$sql_select);
    mysqli_fetch_assoc($res);            //将结果返回关联数组
?>
```

5. 检测结果

mysqli_affected_rows(): 返回上一次 MySQL 操作受影响的行数。

代码示例：

```php
<?php
    if(mysqli_affected_rows($link) > 0){
        //逻辑代码块
    }
?>
```

6. 关闭连接

mysqli_close()：关闭已打开的数据库连接。

代码示例：

```php
<?php
    mysqli_close($link);
?>
```

到这里，泉泉同学已经掌握了前后台交互的核心技术，接下来让我们跟着他完成交互功能吧。

任务准备

知识与技能目标

在本次任务中，我们需要掌握以下知识与技能：

（1）Ajax 交互功能编写。

（2）PHP 处理数据逻辑。

（3）Ajax 请求常见错误排错能力。

任务准备工作

任务思考
泉泉在任务实施前,做足了准备工作:
(1)学习交互知识和 PHP 语言。
(2)学会数据交互的运用。

任务分解
泉泉对具体的编程任务进行分解,步骤如下:
(1)编写注册登录时的 Ajax 请求代码。
(2)编写注册时服务器端脚本业务逻辑。
(3)编写登录时服务器端脚本业务逻辑。

任务实施

步骤 1:编写注册登录时的 Ajax 请求代码。

在注册和登录时分别发送 Ajax 请求,完成设置项内容。

步骤 1-1:编写代码,实现注册时密码加密并隐藏输入框的效果。

要点讲解

```
1    $(function(){
2      // 注册时的Ajax请求
3      // 单击注册按钮时,将密码进行MD5加密,赋给隐藏的input框
4      $('#regUser').on('submit',function(){
5        $('#hpwd').val($.md5($('#passwd').val()));
6      });
```

步骤 1-2:当单击注册按钮时,发送 Ajax 请求,设置相关设置项。

```
7      // 注册时发送Ajax请求
8      $('#regUser').ajaxForm({
9        // 请求地址
10       url:"http://localhost/code/php/registUser.php",
11       // 数据提交方式
12       type:'post',
13       // 发送给后台的数据
14       data:$('#regUser').serialize(),
15       // 期待后端返回的数据格式
16       dataType:'json',
17       // 请求成功时回调函数
18       success:function(data){
19         // 注册成功时
20         if(data['result']=='success'){
21           alert('恭喜您:用户'+data['username']+',注册成功!');
22           // 刷新页面,进行登录
23           window.location.reload();
24           // 用户名存在时,注册失败
25         }else if(data['result']=='username is exist'){
26           alert('用户: '+data['username']+'已存在,请重新注册!');
27         }else{
28           // 后端数据插入失败
29           alert('未知原因,注册失败!');
30         }
31       },
32       // 请求失败时回调函数
```

```
33        error:function(err){
34          alert('请求失败!');
35        }
36      });
```

步骤1-3：编写代码，实现注册成功时，输入的登录密码进行MD5加密并隐藏输入框内的密码。

```
37      // 登录时的Ajax请求
38      // 单击登录按钮时，将密码进行MD5加密，赋给隐藏的input框
39      $('#login_form').on('submit',function(){
40          $('#lhpwd').val($.md5($('#p').val()));
41      });
```

步骤1-4：单击登录按钮时，发送Ajax请求对比用户名和密码，登录成功或提示密码出错返回。

```
42      // 登录时发送Ajax请求
43      $('#login_form').ajaxForm({
44        url:'http://localhost/code/php/login.php',
45        type:'post',
46        data:$('#login_form').serialize(),
47        dataType:'json',
48        // 请求成功时回调函数
49        success:function(data){
50          // 后台比对密码成功时
51          if(data['result']=='success'){
52              alert('用户：'+data['username']+'，登录成功');
53              // 跳转到"党史学习教育网"首页
54              window.location.href = 'http://localhost/code/html/index.html';
55          }else{
56              // 不存在用户名或密码错误时
57              alert('用户名或密码错误');
58          }
59        },
60        // 请求失败时回调函数
61        error:function(err){
62          alert('请求失败');
63        }
64      });
65    });
```

步骤2：编写注册时服务器端脚本业务逻辑。

接收注册时发送来的数据，完成验证后存入数据库中。

步骤2-1：接收前端发来的数据，连接数据库，对数据库进行查询操作。

```
1   <?php
2   // 获取前端发送的数据：控件名分别为username、lhpwd的值
3   $username = $_REQUEST['username'];
4   $password = $_REQUEST['lhpwd'];
5   // 连接MySQL数据库，输入MySQL主机名、用户名、密码
6   $link = mysqli_connect('localhost:3306','root','123456') or die(json_encode(array('result'=>'database connect error')));
7   // 选择要操作的库
8   mysqli_select_db($link, 'my_database')or die(json_encode(array('result'=>'select database error')));
```

```
9     // MySQL查询语句,以从前端获取到的username为条件
10    $sql_select = "select password from user_info where username='$username'";
11    // 执行查询
12    $res = mysqli_query($link, $sql_select);
```

步骤2-2:编写代码,判断用户名是否存在,如果存在用户名则进行密码比对。

```
13    // 判断用户名是否存在
14    if (mysqli_fetch_assoc($res) == null){
15        // 查询结果为空,则表示该用户不存在
16        echo json_encode(array('result'=>'username is not exist'));
17    }else{
18        // 再次执行查询
19        $res = mysqli_query($link, $sql_select);
20        // 通过while循环将查询结果依次赋给$pwd
21        while ($pwd=mysqli_fetch_assoc($res)){
22            // 比对从数据库取到的密码与前端返回的密码是否一致
23            if ($pwd['password']==$password){
24                // 比对成功,返回JSON格式数据
25                echo json_encode(array('result'=>'success','username'=>$username,'password'=>$password));
26            }else{
27                // 比对失败,返回JSON格式数据
28                echo json_encode(array('result'=>'password error'));
29            }
30        }
31    }
32    // 关闭数据库连接
33    mysqli_close($link);
```

步骤3:编写登录时服务器端脚本业务逻辑。

编写 PHP 代码,接收登录时发送来的数据,与数据库中数据比对,并返回结果。

步骤3-1:编写代码,获取前端三个控件名的值,连接 my_database 数据库。

```
1     <?php
2     // 获取前端发送的数据:控件名分别为username、hpwd、qq的值
3     $username = $_REQUEST['user'];
4     $password = $_REQUEST['hpwd'];
5     $qq = $_REQUEST['qq'];
6     // 连接MySQL数据库,输入MySQL主机名、用户名、密码
7     $link = mysqli_connect('localhost','root','123456')or die(json_encode(array('result'=>'database connect error')));
8     // 选择要操作的库
9     mysqli_select_db($link, 'my_database')or die(json_encode(array('result'=>'select database error')));
```

步骤3-2:编写代码,实现 MySQL 查询,以用户名条件,查询数据库值是否为空。若不为空,则用户存在;若为空,则重新插入到数据库中。

```
10    // MySQL查询语句,以从前端获取到的username为条件
11    $sql_select = "select username from user_info where username = '$username'";
12    // 执行查询
13    $res = mysqli_query($link, $sql_select);
14    // 判断用户名是否存在
15    if (mysqli_fetch_assoc($res)!=null){
16        // 查询结果不为空,则表示用户名已存在
17        echo json_encode(array('result'=>'username is exist','username'=>$username));
18    }else{
```

```
19      // 查询结果为空，则需要将新用户信息插入到数据库中
20      $sql_insert = "insert into user_info(username,password,qq)values('$username','$password','$qq')";
21      // 执行插入语句
22      mysqli_query($link, $sql_insert);
23      // 判断受影响的行数是否发生变化
24      if (mysqli_affected_rows($link)>0){
25          // 插入新用户信息成功，返回JSON数据
26          echo json_encode(array('result'=>'success','username'=>$username));
27      }else{
28          // 插入新用户信息成功，返回JSON数据
29          echo json_encode(array('result'=>'insert username error'));
30      }
31  }
32  // 关闭数据库连接
33  mysqli_close($link);
```

至此，泉泉完成了注册、登录交互功能，实现了数据的灵动，如图 1-3-22 和图 1-3-23 所示。"学海无涯苦作舟"，大家可以思考一下"修改密码"和"删除用户"的代码如何实现。

图 1-3-22　完成注册效果

图 1-3-23　登录成功效果

任务评价

任务要求：提交项目源码包（包含前端代码＋服务器端交互代码）。

考核方式：学生互评，教师点评。

评价标准：任务评价表，见表 1-3-4。

表 1-3-4　任务评价表

任务名称："党史学习教育网"数据灵动	任务承接人： 交付日期：	
项目要求	评价标准	成绩
Ajax 交互编写（50 分）	1. 完成密码加密功能（10 分） 2. 完成 Ajax 交互编写（20 分） 3. 回调函数代码逻辑清晰（20 分）	
PHP 代码编写（30 分）	1. 可以成功连接数据库（10 分） 2. 业务逻辑没有缺陷，成功返回数据给前端（20 分）	
数据库设计（20 分）	1. 完成对应的字段设计，字符类型合理（10 分） 2. 实现数据库主键自增（10 分）	
总分		
评价人	评价级别（√）	备注
个人	□优秀　□良好　□合格　□不合格	
老师	□优秀　□良好　□合格　□不合格	

拓展训练

一、选择题

1. Ajax 术语是由（　　）最先提出的。
   A．Google　　　　　　　　　B．IBM
   C．Adaptive Path　　　　　　D．Dojo Foundation
2. 以下（　　）不是 Ajax 技术体系的组成部分。
   A．XMLHttpRequest　　　　B．DHTML
   C．CSS　　　　　　　　　　D．DOM
3. 下列（　　）是 Web 标准中规定的。
   A．all()　　　　　　　　　　B．innerHTML
   C．getElementsByTagName()　D．innerText

二、判断题

1. XMLHttpRequest 对象有 2 个返回状态值。　　　　　　　　　　　　（　　）
2. JavaScript 中每一个函数都有一个 prototype 对象。　　　　　　　　（　　）

单元四　测试阶段

任务8　"党史学习教育网"运行测试

任务导入

在项目组的团结协作下,"党史学习教育网"的开发任务完成了。经过简单运行没有发现什么问题,泉泉和小茹很开心,认为大功告成了。但是,老师告诉他们:"项目有无运行缺陷只有在通过系统、科学的测试后才能下定义,现在为时过早了!"帆凯听到老师这么说很有兴趣,于是开始了软件测试之旅!

学习目标

- 了解软件测试概念。
- 熟知软件测试方法。
- 了解黑盒测试常用方法。
- 学会编写缺陷报告。

任务描述

任何项目在开发完成后,都不可能保证没有缺陷。"党史学习教育网"项目也不例外,因此就需要通过软件测试的手段来保证软件质量。

本任务将通过学习软件测试的基础知识、了解软件测试方法、编写测试用例完成测试工作,旨在让同学们对软件开发的生命周期有整体认知,对软件测试有基本了解,同时对软件测试工程师的岗位职责形成基本认知。

做任何事情"有始有终"都是一种优良的品质!让我们跟随帆凯同学一起完成本项目最后一个任务吧!

前导知识

在学习软件测试之前,我们要从什么是软件的质量说起。

一、软件质量

简单来说,软件质量是指软件产品是否满足用户基本需求的标准。软件开发的最终目的是软件能够按照原先的需求设计正常运行,从而解决用户的实际问题。另外,软件产品还需要满足一些"看不到"的需求,即在用户使用角度的一些未实现的、潜在的需求,这些需求是后续软件迭代的核心内容。满足"看不见"的需求将进一步提升用户的满意度,软件的质量也更上一层楼。

软件质量可以用软件质量表(表1-4-1)表示。

表 1-4-1　软件质量表

质量类型	类型描述
功能	软件是否能正常操作，满足用户需求
效率	软件运行是否快速，占用资源大或小
使用	软件操作是否便捷，稳定性好或坏
维护	软件维护成本大或小，是否容易测试
可靠	软件操作是否具有容错率，是否成熟

二、软件缺陷

软件缺陷，通俗来讲就是 bug，即软件或程序因某些原因（包括软件本身的缺陷、开发人员水平不足、未知的错误等）无法满足用户的使用需求。

在软件测试中，软件缺陷特指软件表现出那些并不能满足用户需求的问题。软件缺陷有多种分类，见表 1-4-2。

表 1-4-2　软件缺陷表

缺陷类型	缺陷描述
UI 界面缺陷	UI 界面与原型设计不符或与用户需求不符
功能模块缺陷	软件提供的功能无法解决用户的需求，或功能模块未按预先的形式表现
其他缺陷	包括软件性能、兼容性等方面的缺陷

软件缺陷的严重程度一般分为严重、中等、次要、建议。根据严重程度不同，处理的优先级也有所不同，分别为立刻处理、优先处理、排队处理、最后处理。

三、软件测试

软件测试是人为或借助工具运行软件的过程，它是为了检验软件是否符合预先规定的需求。若与预先规定的需求有偏差，则需要分析产生差别的原因，最后加以解决的过程。

软件测试在概念上很容易理解，但为什么要进行软件测试？在不同视角去看待这个问题，答案是不尽相同的。对于用户而言，软件测试可以帮助用户在使用软件之前提升软件的质量，大大提高用户使用软件的满意度；对于软件测试者而言，以最低的测试成本成功地找到软件的漏洞，保证软件正常运行上线，这是软件测试人员的核心任务；对于程序开发者而言，找寻软件缺陷就是在找软件在开发过程中存在的漏洞。软件测试可以暴露软件在技术、代码设计等方面的不足和问题，提升软件开发工作的效率，减少错误的发生。

按照测试方法大体可分为黑盒测试和白盒测试。

1. 黑盒测试

黑盒测试认为软件是一个看不到内部结构的黑盒子，它只有输入口和输出口。我们只需将输入的数据放入输入口，观察输出口是否能达到预期的效果即可。至于盒子内部是如何运作的，我们不用关心。

黑盒测试工作流程如图 1-4-1 所示。

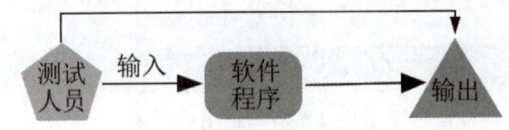

图 1-4-1　黑盒测试工作流程

2. 白盒测试

与黑盒测试不同，白盒测试测试人员需要有基本的编程基础，因为白盒测试需要明确软件程序的代码逻辑和代码执行的过程路径。

白盒测试以软件执行过程路径为依据，并分析每一步输出的结果。白盒测试也可以理解为"透明盒子"测试，因为负责测试的人员要对数据从输入到输出的代码逻辑了如指掌，以保证程序运行正确性。

白盒测试工作流程如图 1-4-2 所示。

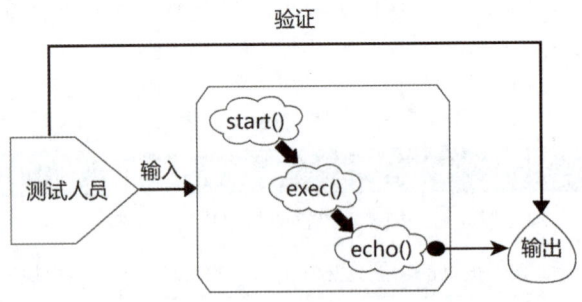

图 1-4-2　白盒测试工作流程

3. 黑盒测试方法

对于初级测试人员而言，熟练使用黑盒测试尤为重要，且编写测试用例也要根据黑盒测试，所以我们着重介绍黑盒测试。

黑盒测试包括等价类划分法、边界值分析法、错误推测法、判定表法、正交实验法。

（1）等价类划分法。在测试时，将测试对象的可能取值划分为 N 个子级，子级间不允许出现交集，他们的集合就是所有的取值，再从每个子集中筛出具有意义的值（涵盖的测试用例广泛，具有代表性）当做测试用例。

（2）边界值分析法。对于软件计算类的功能，很多错误可能发生在某个取值范围的边界附近，而取值范围的中间值附近则不会出现计算错误。对于这样的错误，我们就可以根据取值范围的边界来设计相关的测试用例，这样的测试更具备筛查错误的能力。

（3）错误推测法。在测试时，测试人员常常能根据以往经验甚至个人直觉预演软件可能出现的各种错误。根据预演出的错误，可以针对性地设计相应的测试用例，提高测试效率。这种测试方法可以单凭个人测试经验和感性直觉测出软件缺陷。

（4）判定表法。又称为评定表法，这是一种很严谨的测试方法。这种方法将可能出现的结果和影响它们出现的条件全部列举出来，并以表格的形式展现。经过严密的分析，最终得出清晰测试用例。

（5）正交实验法。简单来说，正交实验法是指通过对因子（影响软件指标的原因、条件）的分析，直接编写出简单而又几乎能全面覆盖的测试用例。

"绝知此事要躬行"，学习了这么多关于软件测试的知识，帆凯只有亲自动手完成测试任务，才能确保"党史学习教育网"的项目质量。

任务准备

知识与技能目标

在本次任务中,我们需要掌握以下知识与技能:

(1) 体验测试过程。

(2) 编写软件测试用例。

(3) 编写测试报告。

职业素养目标

有始有终:从项目开始到结束,认真完成项目任务的每一步,保证"党史学习教育网"项目高质量运行。

任务思考

帆凯同学通过对项目功能的思考,在老师的指导下,确定解决以下问题:

(1) 设计测试用例,保证全面涵盖界面和功能。

(2) 测试过程中,及时记录,确保每个缺陷都会有跟踪。

任务分解

帆凯同学将软件测试分为如下两个步骤:

(1) 完成测试用例编写。

(2) 形成缺陷报告。

任务准备工作

任务实施

完成准备工作后,帆凯就开始进行测试工作了。首先,他从登录注册功能入手进行测试。

步骤1:完成测试用例编写。

设计注册登录界面及首页界面的测试用例。

步骤1-1:注册登录页面的关键在于表单验证能通过,并且最终可以实现注册并登录。帆凯设计出相关测试用例,见表1-4-3。

知识链接:简单的测试用例可以运用基本路径测试法来进行设计。基本路径测试就是软件功能的运行步骤。

表1-4-3 注册登录功能测试用例

测试用例编号	测试项目	测试标题	重要级别	预置条件	输入	执行步骤	预期输出
DSXZ-LFK001-001	注册功能测试	注册验证注册功能	高	登录页面正常显示	按要求输入用户名、密码、QQ号	输入完成后,单击注册按钮	界面刷新跳转登录界面
DSXZ-LFK002-002	登录功能测试	注册验证注册功能	高	已完成账户注册	输入已注册的用户名和正确密码	输入完成后,点击登录按钮	登录成功并跳转到首页

这样,注册登录页面就完成了测试用例的设计。

步骤1-2:首页界面的布局和轮播图是需率先经过测试工作的,首页界面测试用例见表1-4-4。

表 1-4-4　首页界面测试用例

测试用例编号	测试项目	测试标题	重要级别	预置条件	输入	执行步骤	预期输出
DSXZ-LFK001-003	界面布局	文字样式布局合理	中	首页成功运行	无输入，审查元素针对性查看	登录成功后	文字无异常，布局正常
DSXZ-LFK002-004	轮播图	自动轮播切换轮播	高	轮播图完成展示	无输入，单击轮播图按钮观察	界面布局无异	轮播图功能播放正常

步骤 2：形成缺陷报告。

进行测试，记录缺陷，形成缺陷报告。

帆凯根据编写好的测试用例按部就班地测试，发现"党史学习教育网"虽然是第一次开发的项目，可是质量却很高，项目运行速度也很快，不禁心里乐开了花。但项目还是有瑕疵，他把缺陷记录下来，见表 1-4-5。

表 1-4-5　缺陷报告

缺陷编号	被测系统	模块名称	摘要	描述	缺陷严重程度	提交人
DSXZ-LFK002-004-001	党史学习教育网	首页模块	轮播图选项高亮	轮播图正常轮播，但单击选项轮播时，轮播选项背景色不跟随图片切换而改变	中等	帆凯

这个缺陷记录就完成了，剩下的事情就交给负责开发的同学去修改。想必大家已经跟随帆凯体验到了软件测试工作的魅力，那么请大家按照帆凯的方法和步骤，完成其余功能模块的测试吧！

▶ 任务评价

任务要求：提交测试用例、缺陷报告，并完成缺陷修改。

考核方式：学生互评，教师点评。

评价标准：任务评价表，见表 1-4-6。

表 1-4-6　任务评价表

任务名称："党史学习教育网"运行测试	任务承接人： 交付日期：		
项目要求	评价标准		成绩
测试用例（30 分）	1. 测试用例编写不少于 3 个（10 分） 2. 测试用例编写步骤明确，发现缺陷能力强（20 分）		
缺陷报告（40 分）	1. 缺陷数量不少于 5 个（20 分） 2. 缺陷描述具体、清晰（20 分）		
缺陷修改（30 分）	1. 完成 50% 缺陷功能（10 分） 2. 可以通过新思路独立完成缺陷修改（20 分）		
总分			
评价人	评价级别（√）		备注
个人	□优秀　□良好　□合格　□不合格		
老师	□优秀　□良好　□合格　□不合格		

拓展训练

一、选择题

1. 软件质量的分层不包括（　　）层面。
   A．按需求
   B．按用户需求
   C．按用户隐式需求
   D．按产品经理需求

2. 黑盒测试方法中，按各种因素互相作用的测试方法是（　　）。
   A．正交实验法
   B．等价类划分法
   C．边界值分析法
   D．判定表法

3. 编写测试用例时不需要考虑的方面是（　　）。
   A．重要级别
   B．预置条件
   C．执行步骤
   D．程序逻辑

项目二 "官堰村振兴网"开发

完成了"党史学习教育网"的开发和测试工作,读者已经基本具备 Web 前端开发初级工程师的水平。伴随着对家乡的热爱,我们开发了第二个项目"官堰村振兴网",以网页宣传的手段展示官堰村的"文化""产业""生态"三个维度的振兴。

在"官堰村振兴网"的制作中,读者将学到 CSS3 新样式、JavaScript 的事件运用,同时也将学会运用 jQuery 插件实现页面效果,从而提升 Web 前端开发的水平。

单元一 项目准备阶段

任务1 "官堰村振兴网"需求分析

任务导入

"党史学习教育网"的任务已经全部完成了,可是项目组的成员还是意犹未尽,期待着新的挑战。这时候,老师为同学们争取到了以"官堰村振兴网"为主题的新开发项目。项目组成员已经具备基本开发经验,而且团队加入了新的成员,如虎添翼,面对新的任务,大家都胸有成竹!

小郭同学组织项目组成员经过充分的讨论后,确定了本章目标——完成"官堰村振兴网"的需求分析。

学习目标

- 理解项目需求分析的意义。
- 掌握项目需求分析的方法。
- 能够协作开展项目需求分析并形成分析结果。

任务描述

2021年2月25日,习近平总书记在全国脱贫攻坚总结表彰大会上讲话:"今天,我们隆重召开大会,庄严宣告,经过全党全国各族人民共同努力,在迎来中国共产党成立一百周年的重要时刻,我国脱贫攻坚战取得了全面胜利,现行标准下9899万农村贫困人口全部脱贫,832个贫困县全部摘帽,12.8万个贫困村全部出列,区域性整体贫困得到解决,完成了消除绝对贫困的艰巨任务,创造了又一个彪炳史册的人间奇迹!这是中国人民的伟大光荣,是中国共产党的伟大光荣,是中华民族的伟大光荣!"

作为脱贫攻坚战的见证者与接力者,小郭同学从家乡乡村建设的角度出发,以"官堰村振兴网"为主线,从文化、产业、生态三个方面向全体同学展示官堰村的振兴之路。

已经拥有了"党史学习教育网"需求分析的经验,小郭对"官堰村振兴网"需求分析工作充满信心。

前导知识

我们已经学过需求分析是什么,同学们对于需求分析已经有大体的了解。那么在企业中,负责需求分析的个人要完成哪些必要的任务呢?我们跟随小郭进一步学习。

【爱动脑】
请思考：需求分析工作者具备哪些专业知识、职业素养才能胜任？

在企业真实开发中，需求分析工作要完成的基本任务有：

（1）需求类型识别。分析者与用户双方需要确定项目的需求类型，需求类型通常包含界面需求、功能需求、性能需求、运行环境需求等。需求发生分歧时，要以用户的需求为中心进行需求调整。

（2）调研结果分析。以网络问卷或会议的形式收集用户的需求，分析调研结果，除去不合理的需求，提取用户公有需求和个性化需求，分析需求的实现难度。

（3）需求文档编写。将分析结果编写成需求文档，需求文档中需包含必要的名词解释，为非开发者（用户、项目经理、第三方等）阅读提供便利。项目初步的功能描述需要体现在需求文档中，这为原型设计环节提供了必要的条件。

任务准备

知识与技能目标

在本次任务中，我们需要掌握以下知识与技能：

（1）企业中的软件开发流程。

（2）需求分析的步骤。

（3）制作需求分析书。

职业素养目标

（1）能够组织开展项目需求讨论会。

（2）能够正确理解用户提出的项目需求。

（3）能够就具体问题进行分析。

（4）能够恰当地提出个人的质疑。

（5）能够提出有见解的个人建议。

（6）能够总结工作思路与方法，具有提高工作效率的意识。

任务思考

小郭同学首先思考需要调研的问题，和项目组成员讨论后明确了要做的准备工作：

（1）设计并发布调研问卷，发给计算机软件学院学生。

（2）收集调研结果，制作柱状图，分析需求调研结果。

任务分解

小郭同学将需求分析分为如下3个步骤。

（1）收集学生喜好，制作需求调研问卷。

（2）分发问卷，收集调研结果，形成柱状结果图。

（3）完成需求文档书的制作。

任务实施

小郭按照分解的3个步骤，逐一进行任务实施。

步骤1：收集学生喜好，制作需求调研问卷。

小郭与其他同学沟通后，将调研问卷内容为分为页面整体色调、表现风格、排版方式、表现形式、开发语言、数据库、网站功能需求、对网站建设了解程度等方面，最终形成需求调研问卷表（表2-1-1），面向计算机专业同学开展调研工作。

项目介绍

表 2-1-1 "官堰村振兴网"需求调研问卷表

项目需求	选项				备注
页面整体色调	□红色系列 □蓝色系列	□黄色系列 □紫色系列	□白色系列 □黑色系列	□绿色系列 □灰色系列	
表现风格	□季节变化	□节日假期	□发展历程	□其他	
排版方式	□居左	□居中	□居右	□其他	
表现形式	□静态页面	□动态页面	□静态页面+动态页面		
开发语言	□HTML	□CSS	□JavaScript	□HTML+CSS+JavaScript	
数据库	□SQL Server	□MySQL	□Oracle	□Access	
网站功能需求	□资料检索 □节气节日 □论坛 BBS 系统	□相关风俗 □友情链接 □视频播放	□下载 □网站地图 □在线投票	□时事新闻 □留言板 □历史资料	
对网站建设喜欢程度	□特别喜欢	□喜欢	□一般		
您的建议					

小郭设计完成"官堰村振兴网"需求调研问卷表后,与项目组成员沟通后进行简单调整,打印后分发给计算机专业同学进行填写。同学们填写完毕后,小郭完成结果收集工作。接下来,小郭进行下一步的需求分析工作。

步骤 2:分发问卷,收集调研结果,形成柱状结果图。

小郭将打印好的需求调研问卷分发到班级,很快就回收到了同学们的答卷,接着进行数据统计,完成结果分析,并以柱状图的形式展现结果,如图 2-1-1 所示。

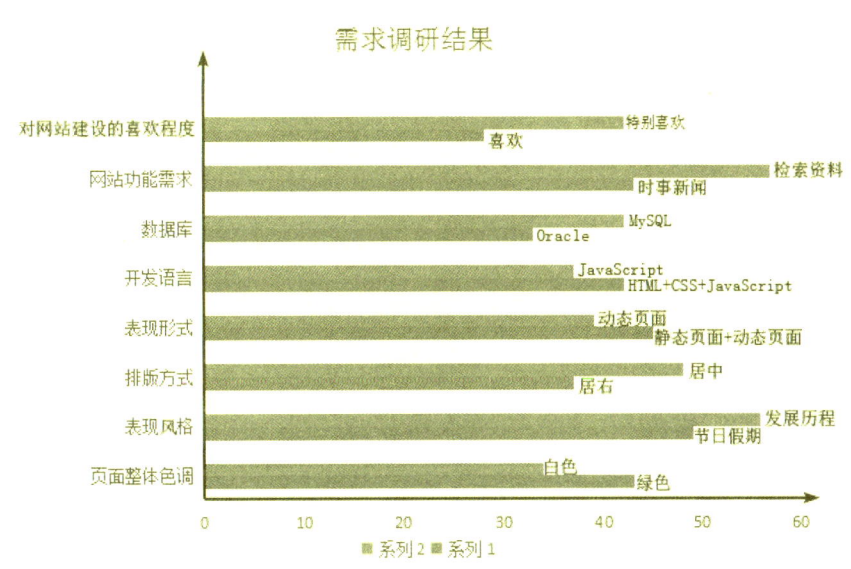

图 2-1-1 需求调研结果

图表中,页面整体色调选择绿色最多,表现风格选择发展历程最多、排版方式以居中略多,表现形式选择静态页面+动态页面者居多,选择 MySQL 数据库依然为多数,并且大多数同学已经对网站建设工作充满了期待。

步骤 3:完成需求文档书的制作。

这一步,需要小郭对结果进行分析,形成需求分析文档。需求分析文档完成"官堰村振兴网"的功能描述,为原型设计工作做好铺垫。

"官堰村振兴网"需求分析文档

一、引言

1. 编写目的

本报告描述了"官堰村振兴网"项目的整体情况,明确了项目组负责人与成员,详细表述了项目的具体需求。项目负责人阅读本报告,据此进一步拟定开发计划书,分配项目工作,安排项目进度,以便做到及时协调、按部就班地组织项目开发,减少开发中的不必要损失。

计划对象:网站制作小组。

小组成员:王洪波(组长)、苟彦昉、刘帆凯、刘茹、郭柏良、康旭洋。

2. 项目背景

项目名称:官堰村振兴网。

项目内容提出者:网站制作小组。

组长:王洪波。

设计制作:郭柏良。

代码编写:刘茹。

数据与资料:刘帆凯、郭柏良。

文档编写:苟彦昉、康旭洋。

后期测试:苟彦昉、郭柏良。

项目开发者:网站制作小组。

用户:大专及以上院校计算机相关专业师生。

实现网站单位:计算机与软件学院。

开发系统环境:需 Windows 7 及以上系统,使用 HbuilderX 与 PhpStorm 进行设计。

用户系统环境:用户需要采用支持 CSS、JS 的浏览器进行浏览。

3. 参考资料

《响应式 Web 开发项目教程》,黑马程序员,人民邮电出版社。

《JavaScript 基础教程》,(美)Tom Negrino Dori Smit,陈剑瓯、柳靖(译),人民邮电出版社。

二、任务概述

1. 目标

(1)开发者需依次完成本项目"官堰村振兴网"的页面设计、样式编写、交互特效。

(2)通过搭载的 Web 服务器访问项目页面。

(3)运用 Ajax 技术配合服务器端开发交互脚本,实现用户注册、修改密码和登录的交互功能。

2. 运行环境

操作系统:Windows 操作系统。

支持环境:Apache 2.4.48/MySQL 8.0.25/PHP 8.0.6。

开发工具:HBuilderX、PhpStorm。

3. 硬件环境

运行环境	描述
处理器	推荐双核及以上处理器
主板	暂无要求
显卡	集成显卡或独立显卡，1GB 及以上
硬盘	50GB 及以上
运行内存	推荐 8GB 及以上
浏览器	谷歌浏览器

三、术语与解释

术语	解释
Web 前端开发	通过技术手段对内容进行编排设计，最终以网页的形式呈现
UI 界面	客户与服务之间的交互页面
Ajax 技术	利用 Ajax 实现后台与服务器的少量数据交换，使网页实现异步请求同步更新。这意味着可以在不重载整个页面的情况下，对网页的某些部分进行更新
Web 服务端	Web 服务器接收请求资源的 HTTP 请求，经过处理后将响应内容回送给客户端

四、技术要求

本项目将达到主流 Web 前端开发应用技术水平。

功能方面：满足页面布局、页面跳转、样式美化、JavaScript 交互功能。

界面需求：界面简洁易操作，风格统一，各界面主色调保持一致。

易用性方面：只需浏览器即可访问浏览，保证用户的良好体验。

兼容性方面：保证主流浏览器兼容性良好。

安全性方面：修改密码并加密，保证安全性需求。

五、详细需求

（一）Web 前端部分

1. 交互类功能

注册功能：用户可以通过注册页面提示（Web 前端表单验证）完成账号注册功能。

登录功能：已经完成"官堰村振兴网"注册的用户登录本项目。

忘记密码：用户输入用户名、密码后，可以发现遗失的账户密码并进行密码修改（注册的数据要通过表单验证才能完成注册）。

2. 页面一（首页）

围绕官堰村的新闻和基本信息进行开发。

本界面导航栏以二级菜单的形式表现，包含文化振兴（古人古事、教育发展）、产业振兴（农业民情、五味子）、生态振兴（生态展示）。页面中部以图文形式展示官堰村实时新闻，文字部分以标签切换效果展示。通过图片展示官堰村全貌，页面底部展示官堰村地址和联系方式等信息。

3. 页面二（文化振兴）

页面二围绕官堰村文化发展为主题进行开发，导航栏与首页保持一致。

本页面以时间轴形式展示官堰村发展历程，以文字形式展示历史建筑，以图文形式展示学院风采，单击"惊驾村"跳转到子页面一，单击"查看更多"跳转到子页面二。

页面底部模块与首页底部保持一致。

（1）子页面一（古人古事）。

该页面以文字图片交错的形式展示惊驾村、降南村的由来。

（2）子页面二（教育发展）。

该页面以文字的形式详细介绍现代学院、明德学院和官堰小学。

4. 页面三（产业振兴）

页面三围绕"官堰村"旅游业为主题进行开发，导航栏与首页保持一致。

本页面以动态文字的形式展示产业政策，以图文形式描述官堰村旅游产业，单击"更多"跳转到子页面一，单击"查看更多"按钮跳转到子页面二。

本页面以图文悬停动态形式展示官堰村葡萄、玉米、小麦等农务产业，以标签切换的方式展示介绍了"官堰特产"——非物质文化遗产"油坊"和官堰村名吃"麦苋鸡"。

页面底部模块与首页底部保持一致。

（1）子页面一（农业民情）。

该页面以图片文字的形式详细介绍官堰村有关产业政策新闻。

（2）子页面二（五味子）。

该页面以图文交错的形式展示官堰村五味子的认识与作用价值。

5. 页面四（生态振兴）

页面四围绕官堰村的生态振兴为主题开发，导航栏与首页保持一致。

本页面通过"山""水""人"三个角度展示"官堰村"的自然生态，单击"查看更多"即可跳转到子页面，以图片的形式展示谚语"绿水青山就是金山银山"，以动态轮播图的形式展示官堰村绿水青山等风景，以图文转换形式展现"我的独白"。

页面底部模块与首页底部保持一致。

子页面（生态展示）以图文结合的方式向用户展示了官堰村的秦岭生态系统以及对官堰村夏天的描述等内容。

（二）Web 服务端部分

1. 数据库

在名为 my_database 的数据库中创建数据表 user_msg，设置主键 id（int 型自动递增）、username（varchar 型）、password（varchar 型）。考虑到用户密码的加密，password 字段的长度设置为至少 50 位。该表为本项目提供数据支持，完成相应的数据存储交互服务。

2. 业务逻辑

用户注册时，服务器端首先确保目标用户名未被注册，之后将用户名和密码插入到数据库中，完成注册功能后，最终跳转到登录功能页面。

用户登录时，服务器端脚本代码比对用户名和密码，比对成功即可完成登录，再跳转到"官堰村振兴网"首页。

当用户修改密码时，通过服务器端脚本代码的业务逻辑来实现前端数据接收，修改密码并完成新密码的存储，最终跳转到登录功能页面。

至此，小郭完成了"官堰村振兴网"需求分析文档，这对整个项目的开发具有重要的指导意义。

任务评价

任务要求：提交项目需求分析资料。

考核方式：学生互评，教师点评。

评价标准：任务评价表，见表2-1-2。

表2-1-2　任务评价表

任务名称："官堰村振兴网"需求分析	任务承接人： 交付日期：		
项目要求	评价标准		成绩
需求调研（30分）	需求调研表设计合理（10分） 需求调研结果呈现（20分）		
需求分析文档（40分）	需求分析文档结构条理清晰（20分） 需求分析文档内容丰富（20分）		
确定项目功能（30分）	页面数量确定（主页面+子页面）（10分） 开发技术确定（HTML+CSS+JavaScript）（20分）		
总分			
评价人	评价级别（√）		备注
个人	□优秀　□良好　□合格　□不合格		
老师	□优秀　□良好　□合格　□不合格		

拓展训练

一、选择题

1. 需求分析者任务不包括（　　）。
   A．需求分类　　　　　　　B．编写需求文档
   C．需求调研　　　　　　　D．需求模拟

2. 需求分析文档可以不包括（　　）。
   A．名词解释　　　　　　　B．需求特点
   C．功能描述　　　　　　　D．未来需求

3. （多选）需求分析文档阅读者包括（　　）。
   A．项目经理　　　　　　　B．开发人员
   C．用户　　　　　　　　　D．测试人员

任务2　"官堰村振兴网"原型设计

任务导入

小郭已经完成了需求分析文档的编写工作。在开发工作中，最直观最有指导意义的莫

过于原型设计图了，那么，小郭该如何完成原型设计工作呢？

小郭通过与项目组成员沟通，在老师指导下进一步掌握了原型设计工作的要领。让我们跟随小郭同学一起完成"官堰村振兴网"原型设计工作吧。

学习目标

- 理解原型特点。
- 认识UI设计的职能。
- 完成"官堰村振兴网"原型设计工作。

任务描述

首先，小郭梳理了"官堰村振兴网"的功能模块：主功能模块4个页面、子功能模块5个页面、交互功能模块3个页面，共计12个页面。小郭对此次任务工作量做到了胸有成竹。

紧接着，小郭希望通过学习对原型设计有了更多了解。让我们跟随小郭，提升对原型设计工作的认识吧。

前导知识

一、原型的特点

原型具有四个主要特点：

（1）表现形式。原型的最终表现形式包括书面、图片（HTML和桌面）形式。

（2）清晰度。原型的细节，包括原型尺寸、颜色、其他部分的逼真度。

（3）交互性。用户可进行操作的功能，例如：用户可操作或用户仅查看。

（4）周期性。原型经历的构思、绘制、实现、调整、测试、丢弃等过程。最后可用其他版本进行替换，直到完成开发功能。

二、UI设计职能

同学们已经了解到，对于Web前端开发来说，UI设计是Web前端开发领域原型设计环节的主要工作。

总结而言，UI设计工作分为三个职能：

（1）设计图形。UI设计师主要指以用户的视觉感受为基础，完成图形的视觉设计图。

（2）设计交互功能。设计师以用户交互体验为基础设计用户的操作流程，最终可以实现某些功能任务。

（3）测试问卷。用户直接参与UI设计的过程。设计师以用户的需求为出发点，通过发布测试问卷、网上调研等形式收集用户对于UI设计的想法和建议，最终完成UI的设计工作。

三、UI设计分类

UI设计分类主要包括：移动端UI设计、PC端UI设计、游戏端UI设计和其他端UI设计。

（1）移动端UI设计。移动端UI设计通俗来讲就是移动设备（手机、平板电脑）的

APP 设计，只要能在移动端桌面上看到并可以点击使用的图标设计都可以理解成移动端 UI 设计。

（2）PC 端 UI 设计。PC 端 UI 设计是指安装在 PC 端的客户端设计，例如 QQ 软件、Office 办公软件和浏览器端的一些按钮图标设计等都是 PC 端 UI 设计。

（3）游戏 UI 设计。游戏 UI 设计即设计游戏的用户界面，例如当下很火热的游戏王者荣耀、英雄联盟等游戏的登录界面、功能界面设计都是游戏端 UI 设计。

（4）其他 UI 设计。自助取票机、银行取款机界面等使用情形的设计都属于其他 UI 的设计。

四、原型设计与 UI 设计的区别

原型设计与 UI 设计的主要区别如下：

（1）对象不同。UI 设计侧重于用户交互功能、操作流程、界面可视性的整体设计，而原型图侧重于设计师与项目经理、软件开发人员沟通设计。

（2）定位不同。UI 设计侧重软件本身操作简洁、操作流程完整，而原型图侧重于软件的可用性。

（3）作用不同。UI 设计根据用户不同的需求设计不同的页面，而原型图更关注软件内部的系统设计。

任务准备

知识与技能目标

在本次任务中，我们需要掌握以下知识与技能：

（1）原型设计要领。

（2）原型设计工具基本操作。

任务思考

小郭通过对已有功能的分解，将重点设计：

（1）交互功能页面。

（2）主功能模块和子功能模块。

任务分解

小郭同学将原型设计分为如下 3 个步骤：

（1）交互功能界面设计。

（2）主功能模块设计。

（3）子界面模块设计。

任务实施

步骤 1：交互功能界面设计。

小郭分析交互功能分为注册、登录、修改密码三个子模块，三个子模块之间可以实现跳转。

小郭打开原型设计工具，进行交互功能界面设计，结果如图 2-1-2 至图 2-1-4 所示。

原型设计图绘制

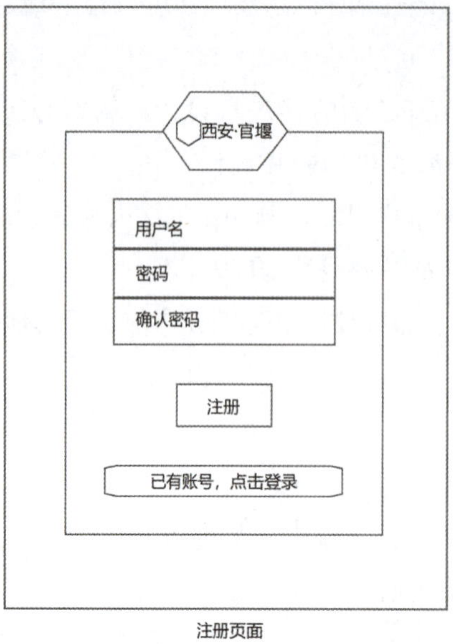

图 2-1-2　注册界面

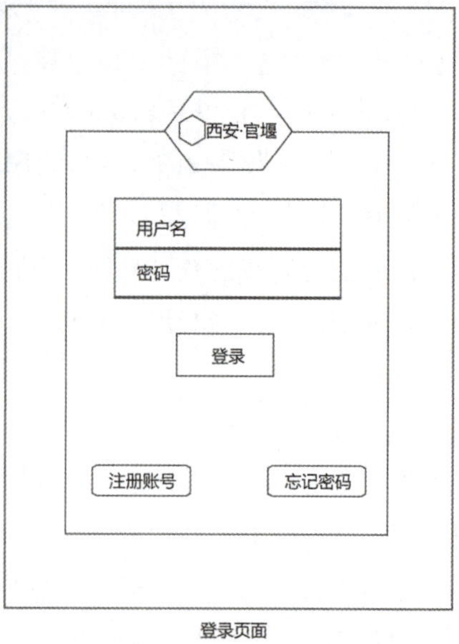

图 2-1-3　登录界面

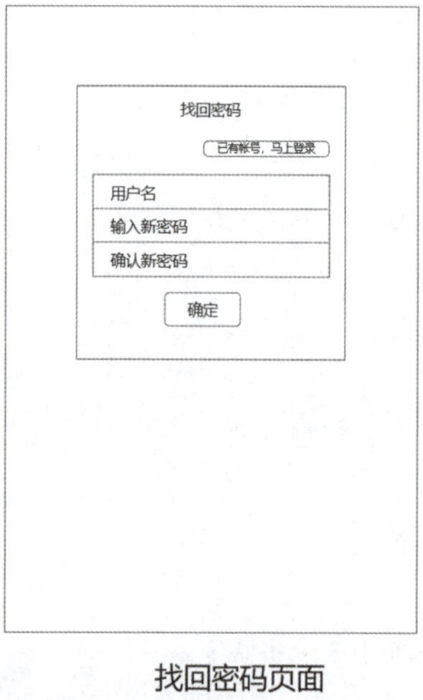

图 2-1-4　找回密码界面

"官堰村振兴网"交互功能界面设计完成了。小郭乘胜追击，继续完成主功能模块设计工作。

步骤2：主功能模块设计。

首先，小郭分析主功能模块包括首页、文化振兴、产业振兴、生态振兴。根据分析结果，小郭打开原型设计工具，首先进行首页界面设计，结果如图2-1-5所示。其他主功能页面都藏在二级菜单里，界面设计结果如图2-1-6至图2-1-8所示。

小郭已经完成了主功能模块设计工作，每个主功能都有对应的子功能页面，于是他继续完成子界面模型设计。

图 2-1-5 首页界面设计

图 2-1-6 "文化振兴"界面

图 2-1-7 "产业振兴"界面

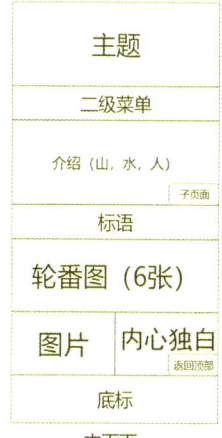

图 2-1-8 "生态振兴"界面

步骤3：子界面模型设计。

小郭先确定了5个子页面,包括古人古事(图 **2-1-9**)、教育发展(图 **2-1-10**)、农业民情(图 **2-1-11**)、五味子(图 **2-1-12**)、生态展示(图 **2-1-13**)。

图 2-1-9 "古人古事"界面原型

图 2-1-10 "教育发展"界面原型

图 2-1-11 "农业民情"界面原型　　　　图 2-1-12 "五味子"界面原型

图 2-1-13 "生态展示"界面原型

至此,小郭完成了所有原型界面的设计任务,后续就要进行开发任务了。小郭和其他项目成员沟通后,决定每一个任务交给专人去完成。开发任务分配情况见表 2-1-3。

表 2-1-3 "官堰村振兴网"项目组开发模块任务表

任务环节	模块开发负责人
任务 9 "官堰村振兴网"需求分析	小郭
任务 10 "官堰村振兴网"原型设计	小郭
任务 11 "官堰村振兴网"首页制作	小茹
任务 12 "官堰村振兴网"文化振兴	小茹
任务 13 "官堰村振兴网"产业振兴	帆凯
任务 14 "官堰村振兴网"生态振兴	小郭
任务 15 "官堰村振兴网"数据交互	康康
任务 16 "官堰村振兴网"运行测试	康康

任务评价

任务要求：提交"官堰村振兴网"原型设计图。

考核方式：学生互评，教师点评。

评价标准：任务评价表，如表 2-1-4 所示。

表 2-1-4 任务评价表

任务名称："官堰村振兴网"原型设计	任务承接人： 交付日期：		
项目要求	评价标准		成绩
原型工具安装使用（30 分）	1. 熟练原型工具使用（10 分） 2. 掌握原型工具中各种功能组件的运用（20 分）		
原型设计过程（60 分）	1. 交互功能界面模块设计（10 分） 2. 主功能模块设计（20 分） 3. 子界面模块设计（30 分）		
界面设计全面（10 分）	界面功能布局全面（10 分）		
总分			
评价人	评价级别（√）		备注
个人	□优秀　□良好　□合格　□不合格		
老师	□优秀　□良好　□合格　□不合格		

拓展训练

一、选择题

1. 以下（　　）不是原型的特点。
   A．周期性　　B．交互性　　C．清晰度　　D．兼容性
2. UI 设计和原型设计不同之处不包括（　　）。
   A．对象不同　B．定位不同　C．目标不同　D．作用不同
3. （多选）UI 设计师职能包括（　　）。
   A．设计交互　B．设计图形　C．发布问卷　D．设计功能

单元二　模块开发阶段

任务3　"官堰村振兴网"首页制作

任务导入

小郭完成了"官堰村振兴网"的项目准备阶段,紧接着是小茹按照UI设计原型进行"官堰村振兴网"首页功能模块的开发。

小茹已经有了丰富的开发经验,再次接到任务时显得气定神闲。小茹分析开发首页的要点依然离不开DIV+CSS网页布局技术,在完成布局后运用JavaScript实现页面特效展示。

学习目标

- 熟练使用盒模型样式。
- 熟练使用CSS选择器。
- 熟练JavaScript基础知识。
- 掌握box-shadow盒子阴影使用。
- 熟练标签切换的使用方法。

任务描述

首页内容需要包括其他主功能模块——文化振兴、产业振兴、生态振兴,小茹同学把它们以导航栏的形式展示在首页。接着,通过JavaScript技术设计新闻切换效果展示首页新闻,最后把官堰村的景色以图片排列的形式展示出来。

小茹同学也需要添加一个页面加载时的加载动画。不过,完成这些开发任务,还需掌握更多的基础知识。

前导知识

一、JavaScript获取元素

在"党史学习教育网"的制作中,我们学会了运用JavaScript以元素id作为条件获取元素,通过document.getElementById("div")写法即可获取id名为div的元素。

其实,只掌握了通过div名获取相应元素的技能还远远不够,在新的开发任务中,我们还需要掌握的获取元素技能见表2-2-1。表中列举了常见获取元素的其他写法,请同学们多加练习。

JavaScript 获取元素及事件

表 2-2-1　JavaScript 获取元素方法表

方法	描述说明
getElementById()	返回指定 ID 的元素
getElementsByTagName()	返回指定标签名称的所有元素的节点列表（集合 / 节点数组）
getElementsByClassName()	返回指定类名的所有元素节点列表
getElementsByName()	返回指定 name 的所有元素节点列表
querySelector()	返回文档中指定的 CSS 选择器元素。与 getElementsByClass() 不同，本方法返回结果是一个元素，后者返回一个节点列表
querySelectorAll()	返回符合指定条件的节点列表

同学们要灵活运用获取元素的方法，JavaScript 之所以能动态地改变元素文本和属性，这都得益于 JavaScript 获取元素的快捷和高效。同学们在使用时，一定要注意返回的结果类型是一个对象还是一个集合对象，这是很容易出错的地方。

二、JavaScript 事件机制

学习 JavaScript 的事件使用之前，同学们要知道什么是事件。其实，事件在生活中很常见，比如听到有人敲门、电话铃响了等等生活现象，都可以理解为一个事件被触发了。那么，听到有人敲门后我们开门，电话铃响了后我们接电话或拒接都是对事件进行处理，也就是事件的处理。在 JavaScript 中也一样，用户在用鼠标单击某个按钮时，实际上就触发一个叫做 onclick 的事件，为了提高用户的体验度，我们不能对事件置之不理，需要对事件进行进一步的处理，并将结果 0 事件处理。

当事件发生时，将执行与之相关的 JavaScript 代码。代码如下所示，用户单击这个按钮时，会执行 say_hello() 的方法，用户会看到一个 "嗨，你好！" 的弹窗，这就完成了一个最基本的事件处理。

```
<input type="button" value="你好" onClick="say_hello()">

 function say_hello(){
                    alert('嗨，你好！');
            }
```

细心的同学会发现，在以上代码中，事件的绑定和调用全部写在标签中。在实际的开发中，事件的写法语法多为："对象.事件=function(){// 代码段}"。例如，我们给名为 div 的对象绑定鼠标移入事件，写法如下：

```
div.onmouseenter = function(){
                    //代码段
...
            }
```

怎么样，事件的使用很简单吧！ onclick 事件和 onmouseenter 事件对于我们开发需求而言还远远不够，还需要我们掌握的事件见表 2-2-2。

【知识提醒】
JavaScript 中 DOM 操作不止获取元素本身。

【想一想】
给对象绑定事件的写法还有哪些？

【动手练习】
尝试使用获焦、失焦事件完成简单的表单验证功能。

表 2-2-2　JavaScript 常用事件表

方法	描述说明
onclick	鼠标单击
ondbclick	鼠标双击
onchange	下拉菜单中选项发生改变或文本框内容改变

【知识提醒】

onnmouseover 与 onnmouseout 一对事件也可以表示鼠标移入移出事件。与表 4-2 中移入移出事件不同的是，它们拥有"事件冒泡"机制——当元素触发事件时，会把它接触发的事件传给它的父级元素。

任务准备工作

续表

方法	描述说明
onfocus	获得鼠标光标，即获得焦点
onblur	失去鼠标光标，即失去焦点
onmouseenter	鼠标停留在图片等的上方，即鼠标移入
onmouseleave	离开图片等所在的区域，即鼠标移出
onmousemove	在目标对象上方鼠标移动
onload	文档加载事件
onsubmit	提交表单事件
onmousedown	鼠标按下
onmouseup	鼠标弹起

掌握了本章必备的知识后，我们跟随小茹一起完成开发任务吧！

🔗 任务准备

知识与技能目标

在本次任务中，需要掌握以下知识与技能：

（1）熟练运用 HTML+CSS 技术快速完成布局。

（2）JavaScript 基本 DOM 操作。

（3）JavaScript 事件运用。

任务思考

小茹同学开始思考完成首页的必备条件，确定了以下准备工作：

（1）帆凯同学完成"官堰村"文字素材和图片素材的收集工作，开发前发给小茹。

（2）小郭完成了 UI 设计原型工作。

（3）开发者完成 JavaScript 知识储备。

（4）明确"新闻切换"+"回到顶部"效果实现步骤。

任务分解

小茹与组员们讨论后，将"官堰村振兴网站"首页制作分为以下 3 个步骤：

（1）编写 HTML 代码内容。

（2）编写 CSS 代码，实现首页的美化。

（3）编写 JS 脚本，实现加载动画、新闻切换和回到顶部效果。

🐾 任务实施

步骤 1：编写 HTML 代码内容。

index.html

步骤 1-1：在 HTML 创建名为 index 的 HTML 文件。在当前项目文件 CSS 文件中分别创建名为 init、public、style、index、show_pic 的 CSS，并引入到 index.html 中。完成以下代码编写。

知识链接：

content（属性取值）：

　　width: 可视区域的宽度，取值为数字或关键词 device-width。

　　intial-scale: 缩放级别，取值 1.0 表示按实际尺寸显示，无任何缩放。

　　user-scalable: 表示是否可对页面进行缩放，no 表示禁止缩放。

```
1   <!DOCTYPE html>
2   <html lang="en">
3
4   <head>
5     <meta charset="UTF-8">
6     <meta name="viewport" content="width=device-width, initial-scale=1.0">
7     <title>欢迎来到官堰村!</title>
8     <link rel="stylesheet" href="../css/init.css">
9     <link rel="stylesheet" href="../css/public.css">
10    <link rel="stylesheet" href="../css/style.css">
11    <link rel="stylesheet" href="../css/index.css">
12    <link rel="stylesheet" href="../css/show_pic.css">
13
14  </head>
15  <!-- 加载动画 -->
16  <body>
17    <div id="loading">
18      <h1>
19        <span>L</span>
20        <span>O</span>
21        <span>A</span>
22        <span>D</span>
23        <span>I</span>
24        <span>N</span>
25        <span>G</span>
26        <span>.</span>
27        <span>.</span>
28        <span>.</span>
29      </h1>
30      <div class="progress-bar"></div>
31    </div>
32    <div id="content" style="display: none;">
```

步骤 1-2：完成首页主图的引入，实现导航栏功能 HTML 部分编写。

```
33        <!-- 主图部分 -->
34        <div class="img">
35          <img src="../images/首页/主题.jpg" alt="">
36        </div>
37        <!-- 导航栏 -->
38        <div class="ph_nav">
39          <div class="a1200">
40            <ul class="ph_nav_ul">
41              <li class="ph_nav_li_first">
42                <a href="index.html" target="_blank">首页</a>
43              </li>
44              <li class="ph_nav_li">
45                <a href="culture.html" target="_blank">文化</a>
46                <ul class="ul">
47                  <li><a href="culture_son1.html" target="_blank">古人古事</a><a href="culture_son2.html" target="_blank">教育发展</a></li>
48                </ul>
49              </li>
50              <li class="ph_nav_li">
```

51	`<a href="industry.html" target="_blank">产业</a>`
52	`<ul class="ul">`
53	`<li><a href="industry_son1.html" target="_blank">农业民情</a><a href="industry_son2.html" target="_blank">五味子</a></li>`
54	`</ul>`
55	`</li>`
56	`<li class="ph_nav_li">`
57	`<a href="ecological.html" target="_blank">生态</a>`
58	`<ul class="ul">`
59	`<li><a href="ecological_son.html" target="_blank">生态展示</a></li>`
60	`</ul>`
61	`</li>`
62	`</ul>`
63	`</div>`
64	`</div>`

步骤 1-3：完成新闻切换 HTML 部分编写。

65	`<!-- 首页新闻切换部分 -->`
66	`<div class="top_tit">`
67	`<span class="span1"><a href="news.html">新闻前瞻</a></span> `
68	`</div>`
69	`<div class="duanwu a1000">`
70	`<div class="btn">`
71	`<button>最新动态</button>`
72	`<button>旅游攻略</button>`
73	`</div>`
74	`<div class="box" style="display: block;">`
75	`<div class="img"><img src="../images/首页/新闻.jpg" alt=""></div>`
76	`<div class="text">`
77	`<ul>`
78	`<li><a href="#">关于官堰村与西留堡村合并通告</a><span>[2021-05-02]</span></li>`
79	`<li><a href="#">西安市"三河一山"绿道长安段建设内容</a><span>[2021-06-15]</span></li>`
80	`<li><a href="#">官堰村开展"建党100周年"主题活动</a><span>[2021-06-20]</span></li>`
81	`<li><a href="#">官堰村召开"助力十四届全运会"会议</a><span>[2021-07-05]</span></li>`
82	`</ul>`
83	`</div>`
84	`</div>`
85	`<div class="box">`
86	`<div class="img"><img src="../images/首页/新闻.jpg" alt=""></div>`
87	`<div class="text">`
88	`. <ul>`
89	`<li><a href="#">官堰村到达路线图发布</a><span>[2021-06-02]</span></li>`
90	`<li><a href="#">古禅观音寺入寺须知</a><span>[2021-06-12]</span></li>`
91	`<li><a href="#">邀您品尝"终南佳肴——麦苋鸡"</a><span>[2021-07-09]</span></li>`
92	`<li><a href="#">官堰村非物质文化遗产</a><span>[2021-07-11]</span></li>`
93	`</ul>`
94	`</div>`
95	`</div>`
96	`</div>`

步骤 1-4：完成页面中部标语的引入。

| 97 | `<!-- 标语 -->` |
| 98 | `<div class="center_img a1200"><img src="../images/首页/标语.jpg" alt=""></div>` |

步骤 1-5：官堰村景色 HTML 部分编写。

```
99              <!-- 官堰景色展示 -->
100             <div class="top_tit">
101                 <span class="span1"><a href="news.html">淡赏官堰</a></span><br />
102             </div>
103             <div class="">
104               <div class="items">
105                 <div class="item"><div class="p">官堰一隅</div></div>
106                 <div class="item">
107                     <div class="pic">
108                         <img src="../images/首页/图片1-1.jpg" alt="">
109                     </div>
110                     <div class="desc">
111                         <div class="detail"><i>新态居</i>[特色美食]
112                     </div>
113                     </div>
114                 </div>
115                 <div class="item">
116                     <div class="pic">
117                         <img src="../images/首页/图片1-2.jpg" alt="">
118                     </div>
119                     <div class="desc">
120                         <div class="detail"><i>降南村</i>[李世民]
121                         </div>
122                     </div>
123                 </div>
124                 <div class="item">
125                     <div class="pic">
126                         <img src="../images/首页/图片1-3.jpg" alt="">
127                     </div>
128                     <div class="desc"><div class="detail"><i>惊驾村</i>[典故]
129                     </div>
130                     </div>
131                 </div>
132                 <div class="item">
133                     <div class="pic">
134                         <img src="../images/首页/图片1-4.jpg" alt="">
135                     </div>
136                     <div class="desc"><div class="detail"><i>观音禅寺</i>[千年银杏]
137                     </div>
138                     </div>
139                 </div>
140               </div>
141               <div class="items">
142                 <div class="item"><div class="p">好山好水</div></div>
143                 <div class="item">
144                     <div class="pic">
145                         <img src="../images/首页/图片2-1.jpg" alt="">
```

```
146            </div>
147            <div class="desc"><div class="detail"><i>森林公园1</i>[公园美景]
148            </div>
149            </div>
150        </div>
151        <div class="item">
152            <div class="pic">
153                <img src="../images/首页/图片2-2.jpg" alt="">
154            </div>
155            <div class="desc"><div class="detail"><i>森林公园2</i>[公园美景]
156            </div>
157            </div>
158        </div>
159        <div class="item">
160            <div class="pic">
161                <img src="../images/首页/图片2-3.jpg" alt="">
162            </div>
163            <div class="desc">
164                <div class="detail"><i>沣河河滩</i>[沣河美景]
165                </div>
166            </div>
167        </div>
168        <div class="item">
169            <div class="pic">
170                <img src="../images/首页/图片2-4.jpg" alt="">
171            </div>
172            <div class="desc"><div class="detail"><i>山水一共</i>[山水美景]
173            </div>
174            </div>
175        </div>
176    </div>
177 </div>
```

步骤1-6：编写返回顶部按钮代码。

```
178    <!-- 返回顶部按钮 -->
179    <button id="myBtn">返回顶部</button>
```

步骤1-7：页面底部 HTML 编写。

```
180    <!-- 页面底部 -->
181    <div class="footer_bg">
182        <div class="container">
183            <div class="row  footer">
184                <div class="copy text-center">
185                    <img>
186                    <p>
187                        <span>
188                            欢迎您来到官堰村<br>
189                            官堰村地址：陕西省西安市长安区西滦路S107（关中环线）<br>
190                            咨询电话：029-××××0128<br>
191                            手机号码：158××××9875<br>
192                            版权所有©××××陕ICP备0600××××号
193                        </span>
194                    </p>
```

```
195                </div>
196              </div>
197            </div>
198          </div>
199        </div>
200      </body>
```

步骤1-8：引入 JavaScript 公有文件。

```
201      <!-- 引入公有JS文件 -->
202      <script src="../js/public.js"></script>
203    </html>
```

步骤1-9：完成以上编码任务后，在浏览器上运行，就可以看到所编写的 HTML 效果了，如图 2-2-1 所示。

图 2-2-1　首页效果图

至此，首页 HTML 结构已经完成搭建。万丈高楼平地起！虽然当前的页面效果不尽如人意，但小茹并不气馁，继续完成 CSS 样式的编写。

步骤2：编写 CSS 代码，实现首页的美化。

这里完成 init.css、public.css、style.css 为公有样式，后续功能直接引入使用，不再赘述。

init.css

步骤2-1：编辑 init.css 文件，编写常用标签的基本样式。

```
1    /* 完成所有标签内外边距清零 */
2    * {
3        margin: 0;
4        padding: 0;
5        box-sizing: border-box;
6    }
7
8    /* em 和 i 斜体的文字不倾斜 */
9    em,
10   i {
11       font-style: normal;
12   }
13
14   /* 去掉li的小圆点 */
```

```
15  li {
16      list-style: none;
17  }
18
```

步骤2-2：编写图片、按钮样式代码。

```
19  img {
20      border: 0;
21      /* border 0 照顾低版本浏览器。如果图片外面包含了链接会有边框的问题 */
22      vertical-align: middle;
23          /* 取消图片底侧有空白缝隙的问题 */
24  }
25
26  button {
27      cursor: pointer;
28          /* 当鼠标经过button 按钮的时候，鼠标变成小手形状*/
29  }
30
```

步骤2-3：编写超链接及其悬停时的状态代码。

```
31  a {
32      color: black;
33      text-decoration: none;
34  }
35
36  a:hover {
37      color: #c81623;
38  }
39  /* 按钮表单控件样式 */
40  button,
41  input {
42      /* "\5B8B\4F53" 就是宋体的意思，这样浏览器兼容性比较好 */
43      font-family: Microsoft YaHei, Heiti SC, tahoma, arial, Hiragino Sans GB, "\5B8B\4F53", sans-serif;
44  }
45
```

步骤2-4：body 容器样式编写。

```
46  body {
47      -webkit-font-smoothing: antialiased;
48      /* CSS3 抗锯齿形让文字显示得更加清晰 */
49      background-color: #fff;
50      font: 12px/1.5 Microsoft YaHei, Heiti SC, tahoma, arial, Hiragino Sans GB, "\5B8B\4F53", sans-serif;
51  }
52
```

步骤2-5：编写清除浮动的代码。

```
53  /* 清除浮动 */
54  .clearfix:after {
55      visibility: hidden;
56      clear: both;
57      display: block;
58      content: ".";
59      height: 0;
60  }
61
```

```
62    .clearfix {
63        *zoom: 1;
64    }
65    /* div统一样式 */
66    div {
67        margin: 0 auto;
68        text-align: left;
69        font: normal 12px/180% \5FAE\8F6F\96C5\9ED1;
70    }
```

接着编辑 public.css 文件,完成公共模块样式。

步骤 2-6:容器样式编写。

```
1    /* 容器样式 */
2    .a1200 {
3        width: 1200px;
4    }
5
6    .a1000 {
7        width: 1120px;
8        position: relative;
9    }
10
```

步骤 2-7:编写页面上部大图的样式。

```
11    /* 页面大图样式*/
12    .img {
13        width: 65%;
14        height: 655px;
15        margin-bottom: 5px;
16    }
17
18    .img img {
19        width: 100%;
20        height: 100%;
21    }
22
```

步骤 2-8:编写导航栏样式代码。

```
23    /* 导航栏 */
24    .ph_nav {
25        width: 65%;
26        height: 77px;
27        /*设置背景颜色*/
28        background-color: #81a849;
29    }
30    /* 导航栏内每个导航功能样式 */
31    .ph_nav .ph_nav_ul .ph_nav_li,.ph_nav_li_first {
32        /* 子绝父相 */
33        position: relative;
34         /* 让其左浮动 */
35        float: left;
36        /* 设置字体大小 */
37        font-size: 25px;
```

```
38      /* 设置行高 */
39      line-height: 77px;
40      width: 250px;
41      /* 让文字水平居中显示 */
42      text-align: center;
43      /* 让其光标呈现为指示链接的指针（一只手） */
44      cursor: pointer;
45      /* 设置字体颜色 */
46      color: #fff;
47    }
48
```

步骤2-9：编写子菜单总容器代码。

```
49    .ph_nav_li .ul {
50      /* 先让这个.ul不显示，等到鼠标经过的时候再让其显示 */
51      display: none;
52      /* 给其加上绝对定位 */
53      /* 根据它的父级元素调整.ul的位置 */
54      position: absolute;
55      left: 120px;
56      top: 0;
57    }
58    .ph_nav .ph_nav_ul .ph_nav_li:nth-child(2),
59    .ph_nav .ph_nav_ul .ph_nav_li:nth-child(3){
60      width: 330px;
61    }
62    .ph_nav .ph_nav_ul .ph_nav_li:nth-child(2) .ul,
63    .ph_nav .ph_nav_ul .ph_nav_li:nth-child(3) .ul{
64      left: 185px;
65    }
```

步骤2-10：编写每个子菜单容器样式代码。

```
66    /* 子菜单容器样式 */
67    .ph_nav_li .ul li {
68      float: left;
69      width: 180px;
70      font-size: 16px;
71      text-align: center;
72    }
73    /* 子菜单文字样式 */
74    .ph_nav_li .ul li a {
75      display: inline-block;
76      padding: 0 5px;
77      color: #dddddd;
78    }
79
80    .ph_nav_li .ul li a:hover {
81      color: #eeeeee;
82    }
83
84    .ph_nav_li a:hover {
85      color: #eeeeee;
86    }
87
```

步骤 2-11：编写导航栏在鼠标悬停时小三角的样式。

```
88      /* 鼠标经过.ph_nav_li时，让小三角（.ul）显示出来 */
89      .ph_nav_li:hover .ul {
90          display: block;
91      }
92
93      /* 这里用到了伪元素做出小三角 */
94      .ph_nav_li::after {
95          /* 这里的content必须要写，不写这个属性代码不生效 */
96          content: "";
97          width: 0;
98          height: 0;
99          /* 先将其右边框和做左框的高都设置成10px，让其颜色变成透明 */
100         border-right: 10px solid transparent;
101         border-left: 10px solid transparent;
102         /*再将上边框颜色设置为红色，这样就能得到一个倒三角了*/
103         border-top: 10px solid #c9e4a4;
104         /*伪元素默认为行内元素没有宽高，这里将它变为行内块元素*/
105         display: inline-block;
106     }
107
108     /* 鼠标经过小三角时，再将其变为右三角，原理同上 */
109     .ph_nav_li:hover::after {
110         content: "";
111         width: 0;
112         height: 0;
113         border-top: 10px solid transparent;
114         border-bottom: 10px solid transparent;
115         border-left: 10px solid #c9e4a4;
116         display: inline-block;
117         /*让过渡效果持续0.5s，可以让过渡不那么生硬*/
118         transition-duration: 0.5s;
119     }
120
```

步骤 2-12：编写页面标题样式代码。

```
121     /* 过渡标题 */
122     .top_tit {
123         /* 字体居中对齐 */
124         text-align: center;
125         /* 设置元素外边距，这三个值分别代表：上间距 左右间距 下边距 */
126         margin: 60px auto 40px;
127     }
128
129     .top_tit .span1 {
130         /* 设置其为行内块元素 */
131         display: inline-block;
132         font-size: 30px;
133         /* 设置字体样式 */
134         font-family: fixedsys;
135         color: #81a849;
136         /* 字体加粗属性 */
```

```
137        font-weight: bold;
138     }
139
```

步骤2-13：完成底部功能样式。

```
140     /* 底部功能样式 */
141     .footer_bg {
142       width: 65%;
143       height: 150px;
144       background: #81a849;
145       /* 页脚圆角修饰 */
146       border-top-left-radius: 15px;
147       border-top-right-radius: 15px;
148     }
149     .footer {
150       padding: 0;
151     }
152     .copy p {
153       margin: 0;
154       margin-top:-10px;
155       color: #ffffff;
156       font-size: 14px;
157       height: 130px;
158       line-height: 1.8em;
159       text-align: center;
160     }
161
```

步骤2-14：编写返回顶部按钮的样式。

```
162     /* 返回顶部按钮 */
163     #myBtn {
164       /* 默认隐藏 */
165       display: none;
166       position: fixed;
167       bottom: 20px;
168       right: 30px;
169       z-index: 99;
170       border: none;
171       outline: none;
172       /* 文本颜色 */
173       color: white;
174       cursor: pointer;
175       padding: 15px;
176       /* 圆角 */
177       border-radius: 10px;
178       width: 50px;
179       height: 120px;
180     }
181
182     #myBtn:hover {
183       background-color: #555;
184     }
185
```

步骤2-15：编写"新闻切换"按钮样式代码。

```css
186    /* 按钮容器样式 */
187    #btn {
188        width: 80%;
189        margin: 0 auto;
190        text-align: center;
191    }
192
193    /* 功能按钮基本样式 */
194    button {
195        width: 110px;
196        height: 40px;
197        font-size: 14px;
198        /* 设置圆角 */
199        border-radius: 8px;
200        /* background-color: rgb(76, 175, 80); */
201        background-color:rgb(40,90,140) ;
202        color: #fff;
203        /* 设置盒子阴影 */
204        box-shadow: 0 8px 16px 0 rgba(0, 0, 0, 0.2),
205            0 6px 20px 0 rgba(0, 0, 0, 0.19);
206    }
207
208    /* 鼠标悬停按钮时候 */
209    button:hover {
210        box-shadow: 0 12px 16px 0 rgba(0, 0, 0, 0.24),
211            0 17px 50px 0 rgba(0, 0, 0, 0.19);
212    }
213
```

步骤2-16：编写二级菜单中子菜单的容器、文字样式代码。

```css
214    /* 子页面新闻容器介绍 */
215    .news{
216        width: 800px;
217        margin: -20px auto;
218    }
219    /* 新闻标题样式 */
220    .news h1{
221        font-size: 38px;
222        font-weight: 500;
223        line-height: 46px;
224        margin: 5px auto 15px auto;
225        text-align: center;
226    }
227    .news_header{
228        text-align: center;
229        margin: 10px auto;
230    }
231    /* 新闻主体文本样式 */
232    p{
233        margin-top: 23px;
234        text-align: justify;      /*改变字与字之间的间距使每行对齐*/
```

```css
235       font-size: 20px;
236       line-height: 38px;
237   }
238
239   /* 责任编辑样式 */
240   .edit_cf{
241       font-size: 16px;
242       text-align: right;
243       position: relative;
244       top: -20px;
245   }
```

完成属于动画的样式，编辑 style.css 文件。

步骤 2-17：编写加载动画容器、文字及动画样式代码。

```css
1    /* 加载容器样式 */
2    #loading {
3        background-color:#DEE7D4;
4        width: 100%;
5        /* CSS3新增单位，指可视窗口的高度。例：高度为1000px，那15vh就是150px */
6        height: 100vh;
7        display: flex;
8        /* 水平灵活展示 */
9        flex-direction: column;
10       /* 内容居中 */
11       justify-content: center;
12       /* CSS3弹性盒子居中 */
13       align-items: center;
14   }
15   /* loading文字样式 */
16   #loading h1 {
17       font: 1.5rem Roboto, sans-serif;
18       font-weight: 900;
19       padding-bottom: 1rem;
20   }
21
22   #loading h1 span {
23       /* animation：动画名 运行时间 播放次数  运动曲线 */
24       /* 其中cublic-bezier(n,n,n,n)定义过渡取值，取值范围是0～1 */
25       animation: load-text 1s infinite cubic-bezier(0.1, 0.15, 0.9, 1);
26       display: inline-block;
27   }
```

步骤 2-18：编写进度条样式代码。

```css
28   /* 加载进度条样式 */
29   .progress-bar {
30       background-color: #eaeaea;
31       width: 300px;
32       height: 25px;
33       /* box-shadow：水平阴影 垂直阴影 模糊程度 阴影颜色 */
34       box-shadow: 1px 0px 2px rgba(0, 0, 0, 0.25), 0px 1px 2px rgba(0, 0, 0, 0.25);
35       border-radius: 10px;
36       position: relative;
37   }
38
```

```css
39    .progress-bar:after {
40      content: "";
41      background-color: green;
42      position: absolute;
43      border-radius: 10px;
44      width: 100%;
45      height: 100%;
46      top: 0px;
47      left: 0px;
48      /* animation：动画名 运行时间 延时时间  运动曲线 */
49      animation: load 0.5s 1 linear;
50    }
51
```

步骤2-19：定义关键帧动画代码。

```css
52    /*** 定义加载关键帧动画 ***/
53    @keyframes load {
54     0% {
55       width: 5%;
56       background-color: red;
57     }
58
59     25% {
60       background-color: orange;
61     }
62
63     50% {
64       background-color: yellow;
65     }
66
67     75% {
68       background-color: lightgreen;
69     }
70
71     90% {
72       background-color: green;
73       width: 100%;
74     }
75    }
76
77    @keyframes load-text {
78     0% {
79       transform: translateY(0px);
80     }
81
82     25% {
83       transform: translateY(5px);
84     }
85
86     50% {
87       transform: translateY(0px);
88     }
89
```

```
90      75% {
91        transform: translateY(-5px);
92      }
93
94      100% {
95        transform: translateY(0px);
96      }
97    }
```

完成属于首页的样式，编辑 index.css 文件。

步骤 2-20：编写首页容器总样式。

```
1     /* 首页总容器样式 */
2     .box {
3       width: 1200px;
4       display: flex;
5       overflow: hidden;
6       height: 550px;
7     }
8
9     .content {
10      display: flex;
11      flex: 1;
12      flex-wrap: wrap;
13      width: 400px;
14      height: 340px;
15    }
16
17    .content .img {
18      width: 43%;
19      height: 74%;
20      margin: 0 24px 24px 0;
21    }
22
```

步骤 2-21：编写"新闻切换"容器样式代码。

```
23    /* 新闻切换效果样式 */
24    .duanwu {
25      height: 300px;
26      position: relative;
27    }
28    /* 切换按钮定位 */
29    .duanwu .btn {
30      position: absolute;
31      top: -10px;
32      right: 140px;
33      /* margin: 0 20px; */
34    }
35
36    .duanwu .box {
37      display: none;
38      height: 300px;
39    }
```

步骤 2-22：编写"新闻切换"按钮样式代码。

```
40      /* 切换按钮样式 */
41      .duanwu .btn button {
42        display: inline-block;
43        font-size: 18px;
44        margin: 0 25px;
45        margin-bottom: 10px;
46        font-weight: bold;
47      }
48
49      .duanwu .btn button:hover{
50        color: #F8F8F8;
51      }
52
53      .duanwu .box .img {
54        float: left;
55        width: 500px;
56        height: 100%;
57      }
```

步骤 2-23：编写新闻内容效果样式。

```
58      /* 新闻文字效果样式 */
59      .duanwu .box .text {
60        float: left;
61        width: 700px;
62        height: 100%;
63        overflow: hidden;
64        padding: 25px;
65        font-size: 16px;
66        line-height: 30px;
67        /* font-weight: bold; */
68      }
69      .duanwu .box .text ul{
70        /* border: 5px solid rgba(40,90,140,0.8); */
71        border-radius:5px;
72        height: 250px;
73        margin-top: 20px;
74      }
```

步骤 2-24：编写每一条子新闻样式代码。

```
75      /* 每一条新闻样式 */
76      .duanwu .box .text ul li{
77        text-align: left;
78        text-indent: 2em;
79        width: 530px;
80        /* margin: 10px 140px 10px 0; */
81        line-height: 50px;
82        height: 50px;
83        padding-bottom: 3px;
84        margin-bottom: 3px;
85        border-bottom: 1px dashed #d8d8d8;
86      }
87
```

```
88      .duanwu .box .text ul li:hover{
89          background-color: #F8F8F8;
90      }
91      /* 新闻文字样式 */
92      .duanwu .box .text ul li a{
93          display: inline-block;
94          color: #285a8c;
95          width: 320px;
96      }
97      /* 新闻时间样式 */
98      .duanwu .box .text ul li span{
99          display: inline-block;
100         color: #285a8c;
101         margin-left: 20px;
102         width: 150px;
103         text-align: center;
104         cursor: pointer;
105     }
106
107     .duanwu .box .text ul li a:hover,.duanwu .box .text ul li span:hover{
108         color: darkgreen;
109     }
```

步骤2-25：编写标语图片样式代码。

```
110     /* 标语图片样式 */
111     .center_img {
112         height: 120px;
113         margin-top: 20px;
114     }
115
116     .center_img img {
117         height: 100%;
118         width: 100%;
119     }
120
121
```

完成淡赏官堰的样式，编辑 show_pic.css 文件。

步骤2-26：编写"官堰一隅"+"好山好水"容器样式代码。

```
1   /*淡赏官堰部分样式*/
2   /* "官堰一隅"+"好山好水"样式 */
3   .items{
4       margin-bottom: 20px;
5       width: 1270px;
6       height: 320px;
7       padding-left: 20px;
8       margin: 10px auto;
9   }
```

步骤2-27：编写"官堰一隅"+"好山好水"文字样式代码。

知识链接：CSS3 Gradient 分为 linear-gradient（线性渐变）和 radial-gradient（径向渐变）。以下代码运用的是线型渐变。

```
10      /* 文字样式 */
```

```
11    .p {
12        text-align: center;
13        background-color: #2A809D;
14        height: 320px;
15        background-image: linear-gradient(
16            to bottom,
17            #4e924a 15%,
18            #a5ccb1 85%
19        );                              /*设置该元素背景自上而下的线性渐变*/
20        font-family: 'Microsoft Yahei';  /*设置字体为微软雅黑*/
21        font-size:30px;
22        font-weight:bold;
23        color:#fff;
24        padding-top:40px;
25        line-height:30px;               /*文本行高为30px*/
26    }
```

步骤2-28：编写每一幅景色图片容器样式代码。

```
27    /* 每一幅展示图容器样式 */
28    .item {
29        width: 230px;
30        height: 300px;
31        text-align: center;             /*文字水平居中*/
32        margin-right: 20px;
33        background-color: #FFF;
34        float: left;
35        position: relative;
36        top: 0;
37        overflow: hidden;
38        transition: all .5s;            /*CSS3新增动画属性：过渡，all（默认值）指所有属性改
                                            变，整个转换过程在0.5s内完成*/
39        box-shadow: #81A849 0px 5px 5px ;  /*盒阴影：向下偏移5px，模糊值5px，颜色为#41a8ff*/
40        cursor: pointer;
41    }
42
43    .pic {
44        margin-top: -15px;
45        margin-left: -35px;
46    }
47    .pic img{
48        width: 280px;
49        height: 322px;
50    }
```

步骤2-29：编写每一幅景色图片容器样式代码。

```
51    /* 介绍图片的文字（底部出现）容器样式 */
52    .desc {
53        position: absolute;             /*绝对定位*/
54        bottom: -100px;
55        width: 100%;                    /*宽度是父元素宽度的100%*/
56        height: 100px;
57        transition: all .5s;
58        background-color: rgba(101,165,100,0.8);
59
60    }
```

步骤 2-30：添加鼠标悬停每幅图时的样式代码。

```
61   /*当鼠标悬停在该元素时，该元素绝对定位在父元素顶部-5px的位置，并且盒阴影为模糊度15px的#AAA色*/
62   .item:hover {
63       top: -5px;
64       box-shadow: 0 0 15px #F8F8F8;
65   }
66   /*当鼠标悬停在类名为item的元素上时，该元素的类名为.desc的子元素绝对定位，其底部与父元素底部对齐*/
67   .item:hover .desc {
68       bottom: 0;
69   }
```

步骤 2-31：编写每一幅景色图片背景字样式代码。

```
70   /* 详情介绍样式 */
71   .detail{
72       font-weight: bold;
73       font-size: 20px;
74       margin-top: 50px;
75       text-align: center;
76   }
77   .detail i{
78       color: red;
79   }
80
```

经过 CSS 样式的修饰，页面效果已经完成了，如图 2-2-2 和图 2-2-3 所示。"官堰村"首页看起来犹如身临其境，这就是 CSS 样式的魅力。大家一定要跟随小茹好好学习 CSS 样式，这是 Web 前端开发人员的基本功。

可是，单击"新闻切换"还没有效果，这部分切换效果需要靠 JavaScript 技术实现。那么，接下来继续完成步骤 3，实现新闻的切换效果吧！

图 2-2-2　首页效果 1

新闻前瞻

淡赏官堰

图 2-2-3　首页效果 2

步骤 3：编写 JS 脚本，实现加载动画、新闻切换和回到顶部效果。

public.js

步骤 3-1：获取加载动画的元素。

```
1    // 加载动画代码
2    var letters = document.getElementsByTagName("SPAN");
3    var content = document.getElementById('content');
4    var loading = document.getElementById('loading');
```

步骤 3-2：通过计时器控制动画消失和网页内容出现，通过遍历实现字母的延时出现。

```
5    // 500毫秒完成动画加载
6    setTimeout(function () {
7        content.style.display = 'block';
8        //  addScript(url1);
9        //  addScript(url2);
10       loading.style.display = 'none';
11   }, 500);
12   // 遍历每个字母与延时执行动画
13   for (var i = 0; i < letters.length; i++) {
14       letters[i].style.animationDelay = (i * 0.3) + 's';
15   }
```

步骤 3-3：运用 onlick 单击事件，实现回到顶部功能效果。

```
16   // 单击按钮，返回顶部
17   myBtn.onclick = function () {
18       // 滚动量赋为零
19       document.body.scrollTop = 0;
20       document.documentElement.scrollTop = 0;
21   }
22   // 返回顶部模块
23   window.onscroll = function () {
24       // 调用滚动按钮方法
25       scrollFunction();
26   };
27   // 定义滚动条方法
```

```
28    function scrollFunction() {
29        var myBtn = document.getElementById("myBtn");
30        // 当滚动条到达一定条件时，出现"回到顶部"按钮
31        if (document.body.scrollTop > 20 || document.documentElement.scrollTop > 20) {
32            myBtn.style.display = "block";
33        } else {
34            myBtn.style.display = "none";
35        }
36    }
37
```

步骤 3-4：分别获取新闻按钮和新闻内容容器，实现新闻内容的动态展示。

```
38    // 首页新闻切换效果
39    // 获取首页新闻按钮元素
40    var btns1 = document.querySelectorAll(".btn button");
41    // 获取首页新闻内容元素
42    var boxs = document.querySelectorAll(".duanwu .box");
43    // 调用新闻切换方法
44    switch_news(btns1,boxs);
45    // 定义新闻切换方法
46    function switch_news(obj1,obj2){
47        for (var i = 0; i < obj1.length-1; i++) {
48            // 给按钮设置索引号
49            obj1[i].setAttribute("index", i);
50            obj1[i].onclick = function () {
51                // 拿到对应的索引号
52                var index = this.getAttribute("index");
53                // 不显示收起的新闻内容
54                for (var i = 0; i < obj2.length; i++) {
55                    obj2[i].style.display = "none";
56                }
57                obj2[index].style.display = "block";
58            }
59        }
60    }
61
62
```

到此，"官堰村"首页功能已经完成开发，如图 2-2-4 所示。正所谓"士别三日，即更刮目相待"，这次开发用时缩短了很多，能感受到小茹的飞速进步。相信同学们也能够完成首页的开发！

图 2-2-4　首页功能展示

任务评价

任务要求：提交首页代码包。

考核方式：学生互评，教师点评。

评价标准：任务评价表，见表 2-2-3。

表 2-2-3　任务评价表

任务名称："官堰村振兴网"首页制作	任务承接人： 交付日期：	
项目要求	**评价标准**	**成绩**
首页 HTML+CSS 功能（40 分）	1. 完成 HTML 页面结构的编写，结构无异常（10 分） 2. 分别完成 5 个 CSS 样式编写，布局正常（30 分）	
首页 JavaScript 特效（30 分）	1. 完成新闻切换效果（20 分） 2. 完成加载动画效果（10 分）	
二级菜单（30 分）	1. 菜单布局正常（10 分） 2. 悬停时子菜单（20 分）	
总分		
评价人	**评价级别（√）**	**备注**
个人	□优秀　□良好　□合格　□不合格	
老师	□优秀　□良好　□合格　□不合格	

拓展训练

1. （多选）在 JavaScript 事件里，可以对文本框添加的事件有（　　）。

   A. onblur　　　B. onfocus　　　C. onchange　　　D. onsubmit

2. （多选）通过 JavaScript 获取元素，可以返回一个集合对象的方法有（　　）。

   A. querySelector()　　　　　　　B. getElementsByName()

   C. getElementsByClassName()　　D. querySelectorAll()

3. onload 事件是指加载（　　）。

   A. 网页文档加载　　　　　　　B. HTML 页面加载

   C. CSS 样式加载　　　　　　　D. 文档资源加载

任务 4　"官堰村振兴网"文化振兴页面制作

任务导入

"官堰村振兴网"的首页制作工作已经告一段落，接下来就是"官堰村振兴网"其他页面的完善了。这里所说的页面完善，即完成除首页开发之外的所有功能模块及其子功能模块开发任务。

在组员们休息之际，新的任务接踵而至——完成"官堰村振兴网"文化振兴功能模块。

要完成此项任务不是一件容易的事情，需要再次运用以前学到的原型设计并综合运用 HTML+CSS 技术，从而完成所有子功能模块的编写与开发任务。

在老师的指导下，小茹同学决定亲自完成文化振兴功能模块的设计与开发。

技能目标

- 了解 Window 对象的使用方式。
- 掌握 CSS 制作简单动画。
- 学会运用 JavaScript 实现页面跳转。

任务描述

小茹同学通过钻研文化振兴功能模块原型设计蓝图，明确了"官堰村振兴网"文化振兴功能模块的任务包括："时代缩影"（时代缩影功能开发）、"文化底蕴"（文化底蕴功能开发）、"学院风采"（学院风采功能开发），随后，实现文化底蕴子页面（古人古事）、学院风采子页面（教育发展）的开发。

在完成本章内容时，新开发的功能二级菜单风格与首页二级菜单保持一致，画面风格和文字效果可作略微调整，但改动不宜太大，以免影响整体风格建设。因此，在新功能页面中需要引入 init.css 和 public.css 文件和加载动画样式 style.css（其他功能模块的开发亦是如此，不再赘述）。

前导知识

我们先跟随小茹，学习新的开发知识吧！

一、Window 对象

Window 是浏览器顶级对象，即任意 DOM 对象的根元素。我们常说的 document 对象是它的子元素，Window 对象的子元素还有 location 对象——地址栏对象，如图 2-2-5 和图 2-2-6 所示。

BOM 对象讲解

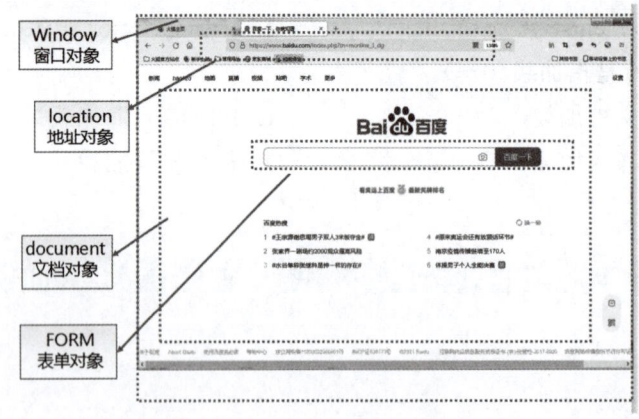

图 2-2-5　Window 对象的分层结构图

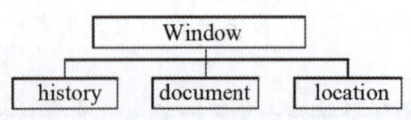

图 2-2-6　Window 对象的树形结构图

【知识提醒】
Window 对象是顶级变量，意味着它没有父元素。

Window 对象的一些方法也是我们开发中常用到的，见表 2-2-4。

表 2-2-4　Window 对象常用方法表

方法	描述说明
alert (" 提示信息 ")	显示包含消息的对话框
confirm (" 提示信息 ")	显示一个对话框，包含确定和取消按钮
open ("name","value")	打开具有指定名称的新窗口，可以设置默认值
close ()	关闭当前窗口

示例代码如下：

HTML 部分：

```
<INPUT TYPE=button VALUE="打开窗口" onClick="openwin()">
<INPUT TYPE=button VALUE="关闭窗口" onClick="closewin()">
```

JavaScript 部分：

```
function openwin ()
{
    window.open ("www.baidu.html");
}
function closewi ()
{
    window.close ();
}
```

二、history 对象

history 对象用来记录用户（在浏览器窗口中）访问过的浏览记录。它的常用方法见表 2-2-5。

【想一想】
history 的方法相当于什么功能？

表 2-2-5　history 对象方法表

方法	描述说明
back()	加载 history 列表中的上一个 url
forward ()	加载 history 列表中的下一个 url
go ("url" or number)	加载 history 列表中的一个 url，可以取值数字

示例代码如下：

```
<INPUT TYPE=button VALUE="前进" onClick="history.back()">
<INPUT TYPE=button VALUE="后退" onClick="history.forward()">
```

三、location 对象

location 对象表示浏览器中的窗口对象，包含地址、端口号等信息。它的常用属性见表 2-2-6，常用方法见表 2-2-7。

【动手练习】
history 对象和 location 对象的方法和属性。

表 2-2-6　location 对象属性表

属性	描述说明
Host	设置或获取主机名和端口号
Hostname	设置或获取主机名部分
Href	设置或获取完整的 URL 字符串

表 2-2-7　location 对象方法表

属性	描述说明
assign("url")	加载 url 指定的新 HTML 文档
reload()	重新加载当前网页
replace("url")	通过加载 url 指定文档替换当前文档

【想一想】
Window 对象简称什么？

任务准备工作

要点讲解

任务准备

知识与技能目标

在本次任务中，我们需要掌握以下知识与技能：
（1）HTML+CSS 布局。
（2）CSS 盒模型、浮动、定位。
（3）transform 放大特效、transition 过渡动画。

任务思考

小茹同学经过思考，明确了任务的重点工作：
（1）该功能需要引入的公共样式。
（2）文化振兴页面图片与文字切换效果。
（3）文化振兴子页面开发过程。

任务分解

小茹同学根据任务描述，将任务分解为如下 3 个步骤：
（1）分别编写主页面及子页面的 HTML 代码。
（2）编写 CSS 样式代码，实现主页面及子页面修饰。
（3）编写 JS 脚本，实现页面跳转功能。

任务实施

步骤 1：分别编写主页面及子页面的 HTML 代码。

culture.html

步骤 1-1：在 html 文件下新建 culture.html 文件，引入公有样式（init.css、public.css、style.css）后，在 CSS 文件下新建 culture.css 文件。

开发提醒：这里注意 14 ~ 32 行代码不能省略，旨在表示每个主功能页面都实现 loading 加载动画，后文不再赘述。

```
1    <!DOCTYPE html>
2    <html lang="en">
3
4    <head>
5        <meta charset="UTF-8">
6        <meta name="viewport" content="width=device-width, initial-scale=1.0">
7        <title>文化振兴</title>
8        <link rel="stylesheet" href="../css/init.css">
9        <link rel="stylesheet" href="../css/public.css">
10       <link rel="stylesheet" href="../css/style.css">
11       <link rel="stylesheet" href="../css/culture.css">
12   </head>
```

```
13
14      <body id="body">
15        <div id="loading">
16          <h1>
17            <span>L</span>
18            <span>O</span>
19            <span>A</span>
20            <span>D</span>
21            <span>I</span>
22            <span>N</span>
23            <span>G</span>
24            <span>.</span>
25            <span>.</span>
26            <span>.</span>
27          </h1>
28          <div class="progress-bar"></div>
29          <div style="text-align:center;">
30
31          </div>
32        </div>
33        <div id="content" style="display: none;">
```

步骤1-2：编写上方主图部分代码。

```
34        <!-- 主图部分 -->
35        <div class="img">
36          <img src="../images/文化/主页面/主题.jpg" alt="">
37        </div>
38        <!-- 导航栏 -->
39        <div class="ph_nav">
40          <div class="a1200">
41            <ul class="ph_nav_ul">
42              <li class="ph_nav_li_first">
43                <a href="index.html" target="_blank">首页</a>
44              </li>
45              <li class="ph_nav_li">
46                <a href="culture.html" target="_blank">文化</a>
47                <ul class="ul">
48                  <li><a href="culture_son1.html" target="_blank">古人古事</a><a href="culture_son2.html" target="_blank">教育发展</a></li>
49                </ul>
50              </li>
51              <li class="ph_nav_li">
52                <a href="industry.html" target="_blank">产业</a>
53                <ul class="ul">
54                  <li><a href="industry_son1.html" target="_blank">农业民情</a><a href="industry_son2.html" target="_blank">五味子</a></li>
55                </ul>
56              </li>
57              <li class="ph_nav_li">
58                <a href="ecological.html" target="_blank">生态</a>
59                <ul class="ul">
60                  <li><a href="ecological_son.html" target="_blank">生态展示</a></li>
61                </ul>
```

62	`</li>`
63	`</ul>`
64	`</div>`
65	`</div>`

步骤1-3：编写"时代缩影"功能部分代码。

66	`<!-- 时代缩影部分 -->`
67	`<div class="top_tit">`
68	`<span class="span1"><a href="#">时代缩影</a></span> `
69	`</div>`
70	`<div class="feilei content">`
71	`<div class="fl1 fldiv">`
72	`<a href="#"><img src="../images/文化/主页面/1.jpg" width="75" height="76" alt="" title=""></a>`
73	`</div>`
74	
75	`<div class="fl2 fldiv">`
76	`<a href="#"><img src="../images/文化/主页面/3.jpg" width="75" height="76" alt="" title=""></a>`
77	`</div>`
78	`<div class="fl3 fldiv">`
79	`<a href="#"><img src="../images/文化/主页面/2.jpg" width="75" height="76" alt="" title=""></a>`
80	`</div>`
81	
82	`<div class="fl4 fldiv">`
83	`<a href="#"><img src="../images/文化/主页面/4.jpg" width="75" height="76" alt="" title=""></a>`
84	`</div>`
85	
86	`<div class="fl5 fldiv">`
87	`<a href="#"><img src="../images/文化/主页面/5.jpg" width="75" height="76" alt="" title=""></a>`
88	`</div>`
89	
90	`<div class="fl6 fldiv">`
91	`<a href="#"><img src="../images/文化/主页面/7.jpg" width="75" height="76" alt="" title=""></a>`
92	`</div>`
93	
94	`<div class="fl7 fldiv">`
95	`<a href="#"><img src="../images/文化/主页面/6.jpg" width="75" height="76" alt="" title=""></a>`
96	`</div>`
97	`</div>`

步骤1-4：编写"文化底蕴"三条内容展示部分代码。

98	`<!-- 文化底蕴部分 -->`
99	`<div class="home_news">`
100	`<div class="news_con">`
101	`<div class="top_tit">`
102	`<span class="span1"><a href="news.html">文化底蕴</a></span> `
103	`</div>`
104	`<ul>`

```
105            <li class="clearfix wow bounceIn">
106                <div class="news_left">
107                    <a href="#">古禅观音寺</a>
108                    <p>
109                        西安终南山古观音禅寺始建于唐贞观年间（公元628年），距今约有1400年历史，为终南山千年古刹之一。据史料记载，建于唐贞观年间的古观音禅寺，当年已颇具规模。山门、大殿、钟鼓楼、云水寮一应俱全，占地300余亩，气势宏大，香火旺盛，直到"文化大革命"时期。
110                    </p>
111                </div>
112                <div class="news_right">
113                    <span>07.21</span>
114                    <time>2016</time>
115                </div>
116            </li>
117            <li id="jj" class="clearfix wow bounceIn">
118                <div class="news_left">
119                    <a href="#">惊驾村</a>
120                    <p>
121                        《长安县地名志》载："村建于唐贞观年间。"惊驾村又叫景家村，清嘉庆《长安县志》名景家村。清末《咸宁长安两县续志》俗作惊驾村。（了解更多）
122                    </p>
123                </div>
124                <div class="news_right">
125                    <span>05.25</span>
126                    <time>2016</time>
127                </div>
128            </li>
129            <li class="clearfix">
130                <div class="news_left">
131                    <a href="#">降南村</a>
132                    <p>
133                        该村建于唐贞观年间，因当村中有一降庵寺，村随寺名为降庵寺，宋末易名为降南村，户县草堂寺十九年钟文记为降南村，清嘉庆《长安县志》亦名为降南村。
134                    </p>
135                </div>
136                <div class="news_right">
137                    <span>05.25</span>
138                    <time>2016</time>
139                </div>
140            </li>
141        </ul>
142    </div>
143 </div>
```

步骤1-5：编写页面下方"学院风采"部分代码。

```
144    <!-- 学院风采部分 -->
145    <div class="top_tit">
146        <span class="span1"><a href="#">学院风采</a></span><br />
147    </div>
148    <!-- 图片模糊文字清晰效果HTML部分 -->
149    <div class="dim a1000">
150        <div class="content_img">
151            <div class="content_box">
152                <div class="img"><img src="../images/文化/主页面/明德.jpg" alt=""></div>
```

```html
153            <div class="text">
154                西安明德理工学院是一所经教育部批准设立的全日制民办普通高等学校，前身
                   为西北工业大学明德学院（2005年完成更名）为西北工业大学创办，作为陕西
                   省内首批经教育部评估考核达标的独立学院，于2020年3月转设更名为西安明
                   德理工学院。
155            </div>
156         </div>
157       </div>
158       <div class="content_img">
159          <div class="content_box">
160             <div class="img"><img src="../images/文化/主页面/现代.jpg" alt=""></div>
161             <div class="text">
162                西北大学现代学院创建于2003年，它坐落在西安长安区滦镇科教园陈北路1号，
                   这里同样属于官堰村，校园总占地面积986亩。
163                西北大学现代学院校训"公诚勤朴 仁虔雅健"，该校以艺术传媒类教育为主，多
                   学科协调发展，致力于打造西北地区具有艺术特色的传媒类院校。
164             </div>
165          </div>
166       </div>
167       <div id="show">
```

步骤1-6：编写"返回顶部"及页面底部部分代码。

```html
168          <button>查看更多</button>
169       </div>
170    </div>
171    <!-- 返回顶部按钮 -->
172    <button id="myBtn">返回顶部</button>
173    <!-- 页面底部 -->
174    <div class="footer_bg">
175       <div class="container">
176          <div class="row_footer">
177             <div class="copy text-center">
178                <img>
179                <p>
180                   <span>
181                      欢迎您来到官堰村<br>
182                      官堰村地址： 陕西省西安市长安区西滦路S107（关中环线）<br>
183                      咨询电话：029-××××0128<br>
184                      手机号码：158××××9875<br>
185                      版权所有 © ×××× 陕ICP备0600××××号
186                   </span>
187                </p>
188             </div>
189          </div>
190       </div>
191    </div>
192 </body>
193 <script src="../js/public.js"></script>
194
195 </html>
```

culture.html 文件编写结束。

culture_son1.html

步骤1-7：在html文件下新建culture_son1.html文件，引入公有样式后（init.css、public.css、style.css），在CSS文件下新建son_public.css文件和all_son.css。

```html
1   <!DOCTYPE html>
2   <html lang="en">
3   
4   <head>
5       <meta charset="UTF-8">
6       <meta name="viewport" content="width=device-width, initial-scale=1.0">
7       <title>古人古事</title>
8       <link rel="stylesheet" href="../css/init.css">
9       <link rel="stylesheet" href="../css/public.css">
10      <link rel="stylesheet" href="../css/son_public.css">
11      <link rel="stylesheet" href="../css/all_son.css">
12  </head>
13  
14  <body>
15      <!-- 图片 -->
16      <div class="img">
17          <img src="../images/文化/子页面一/图片.jpg" alt="">
18      </div>
19      <!-- 介绍 -->
20      <div class="intro">
21      </div>
22      <!-- 惊驾村由来HTML结构 -->
23      <div class="news">
24          <h1>惊驾村由来</h1>
25          <!-- 新闻头部 -->
26          <div class="news_header">
27              <a href="#">惊驾村与降南村由来</a>
28              历史典故 | 来源：
29          </div>
30          <!-- 新闻主题 -->
31          <div class="news_body">
32              <p style="text-indent: 2em;">
33                  惊驾村又叫景家村，《长安县地名志》又载："有唐太宗李世民路过此地见一猛虎而受惊的传说故事。"《长安史迹纪略》中记载："李世民当年体弱多病，高祖李渊曾去户县、长安交界的草堂寺拜佛为儿驱病，李世民登基后，为感谢神灵保佑，国泰民安，带一班文武，曾去草堂寺降香还愿，尉迟敬德与程咬金在细柳驿站等驾。因此今细柳镇附近有等驾村，李世民渡过沣水，经五星乡南留村去草堂寺，敬香还愿毕，曾于晚上住宿在寺东一庄户人家。因此，今东大乡有落驾庄。第二天沿秦岭脚下东行，摆驾回宫，行走在一村庄前，一只猛虎突然窜出，跃过马前，坐骑受惊，咆哮嘶鸣，皇帝受惊，此村遂名惊驾村。"
34              </p>
35              <p style="text-indent: 2em;">
36                  一个春日，李世民于御花园赏花，突然从牡丹园里闯进一条黑白相间、似驴非驴、似鹿非鹿的独角怪兽，嘶叫着朝李世民径直袭来。李世民撩起龙袍，乱了方寸，怪兽却搭起前蹄，在李世民身上喷出三口唾沫，再叫三声，旋即腾空而去。李世民面色蜡黄，惊晕在一丛牡丹下。自此半月卧榻不起，满朝文武百官皆无应对良策。李世民之母更为揪心，整日以泪洗面。一日夜里，李世民之母做得一梦，梦中怪兽复至，说是李世民于三年前在林中射杀了其儿女。梦醒后惊恐万般，思想花园之事，定是南山兽妖作祟，故欲以还魂之法，遂兽妖之心愿。翌日，命三壮汉背负高香大蜡，随己直至村林中以祭兽神。香蜡正是激烈，突生风声，鹤唳兽鸣，山间乌云密布。李世民之母顿时毛骨悚然，口中喋喋，祈兽神宽恕。香尽蜡没，天宇一片朗然，抬头一看，却是一只梅花鹿站于前。还未回过神来，鹿儿却屈膝跪于面前，言谢还魂之恩。当日，李世民龙体便回精气。将此村称为降难村，后因"难"字过于晦气，改此谐音为降南村。
37              </p>
38              <div class="edit_cf">（责编：郭柏良）</div>
```

```
39              </div>
40          </div>
41          <!-- 页面底部 -->
42          <div class="footer_bg">
43              <div class="container">
44                  <div class="row footer">
45                      <div class="copy text-center">
46                          <img>
47                          <p>
48                              <span>
49                                  欢迎您来到官堰村<br>
50                                  官堰村地址： 陕西省西安市长安区西滦路S107（关中环线）<br>
51                                  咨询电话：029-××××0128<br>
52                                  手机号码：158××××9875<br>
53                                  版权所有©×××× 陕ICP备0600××××号
54                              </span>
55                          </p>
56                      </div>
57                  </div>
58              </div>
59          </div>
60      </body>
61
62  </html>
```

culture_son1.html 文件编写完毕。

culture_son2.html

步骤 1-8：在 html 文件下新建 culture_son2.html 文件，引入公有样式后（init.css、public.css、style.css），再引入上一步刚创建好的 son_public.css 文件和 all_son.css 文件。

```
1   <!DOCTYPE html>
2   <html lang="en">
3
4   <head>
5       <meta charset="UTF-8">
6       <meta name="viewport" content="width=device-width, initial-scale=1.0">
7       <title>教育发展</title>
8       <link rel="stylesheet" href="../css/init.css">
9       <link rel="stylesheet" href="../css/public.css">
10      <link rel="stylesheet" href="../css/son_public.css">
11      <link rel="stylesheet" href="../css/all_son.css">
12  </head>
13
14  <body>
15      <!-- 大图片 -->
16      <div class="img">
17          <img src="../images/文化/子页面二/图片.jpg" alt="">
18      </div>
19      <!-- 学院风采详情部分 -->
20      <div class="content">
21          <div class="box">
22              <div class="box_img">
23                  <img src="../images/文化/子页面二/小学.jpg" alt="">
```

```
24            </div>
25            <div class="text">
26                高绍勋，官堰村人，1918年7月1日生。从四川成都航空学校毕业后在国民党空军某
                  部服役，积极参与抗日战争，1999年捐32万元建"官堰村翁福胜小学"。翁福胜乃
                  高绍勋先生之奶爹，为报其养育之恩，高绍勋曾分别给长安五中和西安市第一中学
                  捐款20万元和10万元，设立"高绍勋奖学基金"。
27            </div>
28        </div>
29        <div class="box">
30            <div class="box_img">
31                <img src="../images/文化/子页面二/明德.jpg" alt="">
32            </div>
33            <div class="text">
34                西安明德理工学院是一所经教育部批准设立的全日制民办普通高等学校，前身为西
                  北工业大学明德学院（2005年完成更名）为西北工业大学创办，作为陕西省内首批
                  经教育部评估考核达标的独立学院，于2020年3月转设更名为西安明德理工学院。
35            </div>
36        </div>
37        <div class="box">
38            <div class="box_img">
39                <img src="../images/文化/子页面二/现代.jpg" alt="">
40            </div>
41            <div class="text">
42                西北大学现代学院创建于2003年，它坐落在西安长安区滦镇科教园陈北路1号，这里
                  同样属于官堰村，校园总占地面积986亩。
43                西北大学现代学院校训"公诚勤朴 仁虔雅健"，该校以艺术传媒类教育为主，多学
                  科协调发展，致力于打造西北地区具有艺术特色的传媒类院校。
44            </div>
45        </div>
46    </div>
47    <!-- 页面底部 -->
48    <div class="footer_bg">
49        <div class="container">
50            <div class="row  footer">
51                <div class="copy text-center">
52                    <img>
53                    <p>
54                        <span>
55                            欢迎您来到官堰村<br>
56                            官堰村地址： 陕西省西安市长安区西滦路S107（关中环线）<br>
57                            咨询电话：029-××××0128<br>
58                            手机号码：158××××9875<br>
59                            版权所有©×××× 陕ICP备0600××××号
60                        </span>
61                    </p>
62                </div>
63            </div>
64        </div>
65    </div>
66  </body>
67  </html>
```

至此，文化振兴功能的HTML部分的代码已经完成完成开发了，如图2-2-7至图2-2-9所示。不难发现页面的布局和展示内容都很随意，但是小茹并不慌乱，她继续实现相应的样式代码。让我们跟随小茹一起完成后续的任务吧！

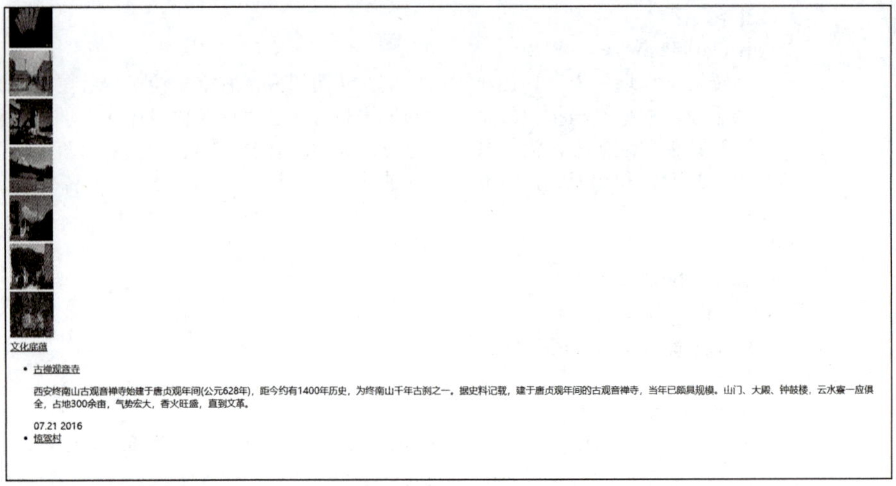

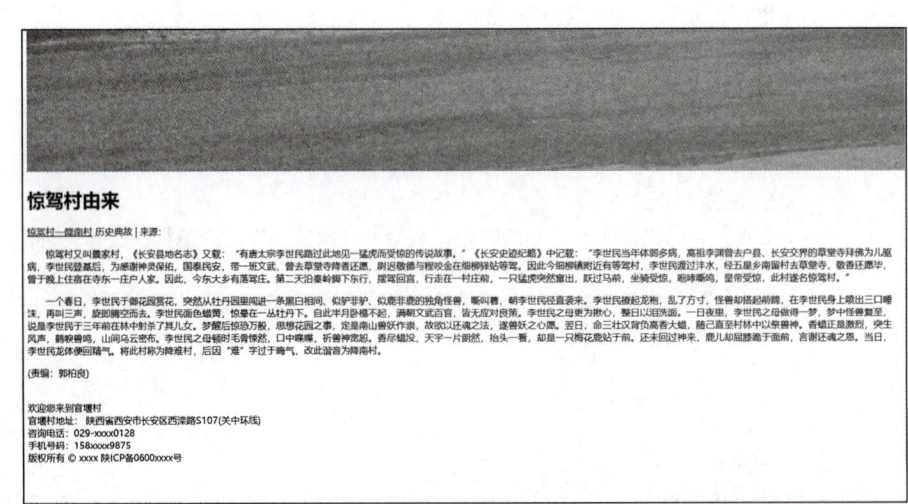

图 2-2-7 "文化振兴"效果

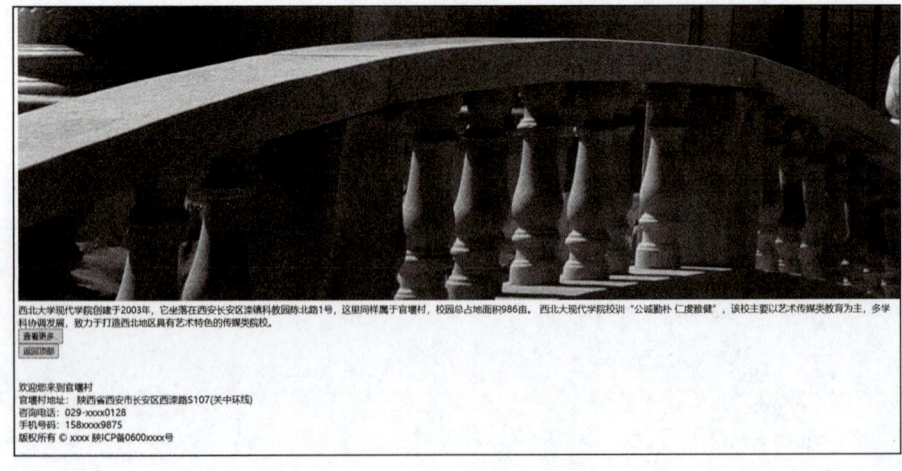

图 2-2-8 "古人古事"效果

图 2-2-9 "教育发展"效果

步骤 2：编写 CSS 样式代码，实现主页面及子页面修饰。

culture.css

步骤 2-1：打开 culture.css 文件，进行如下代码编写，首先编写容器样式代码。

```
1    /*设置网页容器样式 */
```

```css
2   .content {
3       /* 设置元素在页面内居中 */
4       margin: 0 auto;
5       padding-bottom: 20px;
6       width: 1000px;
7       /* 设置与顶部边距为25px */
8       margin-top: 25px;
9       /* 设置与底部边距为25px */
10      margin-bottom: 60px;
11  }
12  /* 时代缩影样式 */
13  .feilei {
14      height: 210px;
15      /* 设置插入图片在父类元素中的位置和样式 */
16      /* 给元素设置相对定位 */
17      position: relative;
18  }
19  /* 每一个"缩影"样式 */
20  .fldiv {
21      /* 给元素设置绝对定位 */
22      position: absolute;
23      width: 120px;
24      height: 142px;
25      /* 设置文字居中 */
26      text-align: center;
27  }
28
29  .fldiv img {
30      /* 设置文字居中 */
31      text-align: center;
32      /* 设置边框圆角 */
33      border-radius: 50%;
34      width: 120px;
35      height: 120px;
36  }
37
38  .fldiv:hover {
39      /* 动画放大1.2倍 */
40      transform: scale(1.2);
41      transition: all 0.4s ease;
42  }
43
```

步骤2-2：编写"时代缩影"图片样式代码。

```css
44  /* 定义fldiv元素下p标签内的文字样式 */
45  .fl1 {
46      top: 4px;
47      left: 17px;
48  }
49
50  .fl2 {
51      top: 104px;
52      left: 136px;
```

```css
53      }
54
55      .fl3 {
56          top: 4px;
57          left: 255px;
58      }
59
60      .fl4 {
61          top: 104px;
62          left: 409px;
63      }
64
65      .fl5 {
66          top: 4px;
67          left: 560px;
68      }
69
70      .fl6 {
71          top: 104px;
72          left: 717px;
73      }
74
75      .fl7 {
76          top: 4px;
77          left: 866px;
78      }
79
80      /* 主图右侧文字栏容器样式 */
81
82
```

步骤 2-3：编写"文化底蕴"容器样式、文字、鼠标悬停时样式代码。

```css
83      /* 文化底蕴展示部分样式 */
84
85      .home_news {
86          width: 100%;
87          background: #fff;
88          margin-top: 20px;
89      }
90
91      .home_news .news_con {
92          /* 设置最大宽 */
93          max-width: 1240px;
94          width: 100%;
95          margin: auto;
96          /* 溢出隐藏 */
97          overflow: hidden;
98      }
99
100     .home_news .news_con ul {
101         width: 100%;
102     }
103
104     .home_news .news_con ul li {
105         background: #f8f8f8;
```

```css
    padding: 20px 20px;
    /* 设置鼠标光标呈现为指示链接的指针 */
    cursor: pointer;
    margin-bottom: 30px;
}

.home_news .news_con ul li .news_left {
    width: 77%;
    float: left;
}

.home_news .news_con ul li .news_left a {
    color: #4c4c4c;
    font-size: 16px;
    font-weight: bold;
    overflow: hidden;
    width: 95%;
    /* 将a 设置为块级元素，这样就能给它设置宽高了 */
    display: block;
    margin-bottom: 15px;
    height: 25px;
    line-height: 25px;
}

.home_news .news_con ul li .news_left p {
    font-size: 14px;
    color: #666666;
    line-height: 24px;
    width: 95%;
    max-height: 72px;
    overflow: hidden;
}

.home_news .news_con ul li .news_right {
    width: 23%;
    float: right;
    border-left: 1px solid #cccccc;
    /* 给其设置最小宽度 */
    min-height: 50px;
    color: #e0e0e0;
    font-family: arial;
    text-align: left;
    padding-left: 8%;
    /* 最小宽度 */
    min-height: 95px;
}

.home_news .news_con ul li .news_right span {
    font-size: 42px;
    /* 设置span元素内文字大小 */
    display: block;
    line-height: 45px;
}
```

```css
160    .home_news .news_con ul li .news_right time {
161        font-size: 18px;
162    }
163
164    .home_news .news_con ul li:hover {
165        /* 设置鼠标悬停时的颜色变化 */
166        background: #81a849;
167    }
168
169    .home_news .news_con ul li:hover .news_left a {
170        /*设置鼠标悬停在标题时，文字的颜色变化*/
171        color: #fff;
172    }
173
174    .home_news .news_con ul li:hover .news_left p {
175        /*设置鼠标悬停在内容时，文字的颜色变化*/
176        color: #dee7d4;
177    }
178
179    .home_news .news_con ul li:hover .news_right {
180        /*设置左边框线样式以及颜色*/
181        border-left: 1px solid #9ab96d;
182        color: #c6d7b3;
183    }
184
185    .home_news .news_con ul li:hover .news_right span {
186        color: #fff
187    }
188
```

步骤2-4：通过媒体查询代码编写页面响应式代码。

```css
189    /* 弹性布局（根据当前屏幕的最大宽添加不同的样式）*/
190    @media (max-width: 768px) {
191        .home_news .news_con ul li .news_right {
192            padding-left: 10px;
193            padding-top: 15px;
194        }
195    }
196
197    @media (max-width: 680px) {
198        .home_news .news_con ul li .news_right span {
199            font-size: 24px;
200        }
201
202        .home_news .news_con ul li .news_right time {
203            font-size: 16px;
204        }
205    }
206
207    @media (max-width: 480px) {
208        .home_news .news_con ul li .news_left {
209            width: 68%;
210        }
211
212        .home_news .news_con ul li .news_right {
```

```css
213        width: 32%;
214      }
215    }
216
217    @media (max-width: 480px) {
218      .home_news .news_con ul li {
219        padding: 20px 10px;
220      }
221    }
222
223    .home_news .news_con .more {
224      width: 57px;
225      height: 57px;
226      display: block;
227      color: #4f8320;
228      font-size: 12px;
229      line-height: 57px;
230      text-align: center;
231      margin: auto;
232      cursor: pointer;
233      margin-bottom: 30px;
234    }
235
236    .home_news .news_con .more:hover {
237      font-weight: bold;
238    }
239
```

步骤 2-5：编写"学院风采"样式代码（图片样式、文字样式 +transition 实现图文切换效果）。

```css
240    /* 学院风采部分 */
241    .dim {
242      overflow: hidden;
243    }
244    /* 鼠标悬停时，图片模糊文字清晰效果实现部分 */
245    .content_img {
246      position: relative;
247      width: 450px;
248      height: 400px;
249      overflow: hidden;
250      float: left;
251    }
252
253    .content_img {
254      margin: 20px;
255    }
256    /* 图片样式 */
257    .content_img .img {
258      position: relative;
259      transition: opacity 1.5s;
260      z-index: 10;
261      width: 400px;
262      cursor: pointer;
263    }
```

```css
264    /* 文字描述样式 */
265    .content_img .text {
266        text-indent: 2em;
267        position: absolute;
268        top: 205px;
269        left: 10px;
270        font-size: 14px;
271        text-align: left;
272        line-height: 35px;
273        opacity: 0;
274        transition: opacity 1.5s;
275        z-index: 5;
276        margin: 20px;
277        width: 390px;
278    }
279
280    .content_img .content_box .img:hover {
281        opacity: 0.3;
282    }
283
284    .content_img .content_box:hover .text {
285        opacity: 1;
286    }
287    /* "查看更多"按钮样式 */
288    #show button {
289        position: absolute;
290        top: 380px;
291    }
```

culture.css 文件编写结束。

son_public.css

步骤 2-6：打开 son_public.css 文件，编写子页面通用样式（后文引入时不再赘述）。

```css
1    /* 子页面图片样式 */
2    .img {
3        width: 65%;
4        height: 655px;
5    }
6
7    .img img {
8        width: 100%;
9        height: 100%;
10   }
11
```

步骤 2-7：编写子页面文字介绍部分代码。

```css
12   /* 子页面文字介绍样式 */
13   .intro {
14       width: 800px;
15       font-size: 16px;
16       line-height: 30px;
17       margin-top: 30px;
18       margin-bottom: 30px;
19   }
```

步骤 2-8：增加段落的首行缩进。

```
20      /* 文字首行缩进 */
21      .intro p{
22          text-indent: 2em;
23      }
24
```

步骤 2-9：编写页面底部代码。

```
25      /* 底标部分 */
26      .footer {
27          width: 1200px;
28          text-align: center;
29          width: 100%;
30          font-size: 14px;
31          font-family: \5B8B\4F53;
32      }
```

son_public.css 文件编写结束。

all_son.css

步骤 2-10：打开 all_son.css 文件，编写子页面通用样式（后文引入时不再赘述）。

```
1       /* 产业的第二个子页面部分 */
2       .footer_img {
3           width: 1000px;
4           height: 400px;
5       }
6
7       .footer_img img {
8           width: 100%;
9           height: 100%;
10      }
11
```

步骤 2-11：编写容器样式代码。

```
12      /* 文化第二个子页面 */
13      .content {
14          width: 1200px;
15
16      }
```

步骤 2-12：编写"教育发展"子页面样式，三个子容器样式及图片容器样式。

```
17      /* 介绍内容样式（三部分） */
18      .content .box {
19          width: 100%;
20          height: 200px;
21          border-bottom: 1px dotted #cccccc;
22          text-indent: 2em;
23          cursor: pointer;
24      }
25
26      .content .box:hover{
27          background-color: #F8F8F8;
28      }
29
```

```
30    .content .box .box_img {
31        float: left;
32        width: 150px;
33        height: 150px;
34        margin: 25px;
35    }
```

步骤 2-13：编写三个部分的图片样式。

```
36    /* 介绍图片样式 */
37    .content .box .box_img img {
38        width: 100%;
39        height: 100%;
40        border-radius: 50%;
41    }
```

步骤 2-14：编写三个子部分的介绍文字样式。

```
42    /* 介绍文字样式 */
43    .content .box .text {
44        float: left;
45        width: 800px;
46        font-size: 16px;
47        line-height: 30px;
48        margin-top: 40px;
49        margin-left: 20px;
50    }
```

做到这里，CSS 样式已经把页面从"毛坯房"打扮成"精装房"了，如图 2-2-10 至 2-2-12 所示。同学们在做的过程中会遇到各种各样的问题，但"世上无难事，只怕有心人"，只要大家抱有一个渴望知识的心，所有的问题都将迎刃而解。

图 2-2-10　文化振兴效果

图 2-2-11 "古人古事"效果

图 2-2-12 "教育发展"效果

紧接着，小茹通过 JavaScript 技术添加跳转功能。

步骤 3：编写 JS 脚本，实现页面跳转功能。

public.js

步骤 3-1：在 public.js 文件已有代码后添加代码，获取查看更多按钮，并绑定单击事件。

```
1    // 获取查看更多按钮（文化振兴）
2    var show = document.getElementById('show');
3    // 存在变量show时绑定单击事件
```

```
4      if(show!==null){
5          // 单击跳转惊驾村介绍子页面
6          show.onclick = function(){
7              window.open('../html/culture_son2.html');
8          }
9      }
10
```

步骤 3-2：紧接着编写惊驾村子页面跳转功能。

```
11     // 惊驾村子页面跳转代码
12     // 获取惊驾村容器标签
13     var jj = document.getElementById('jj');
14     // 存在变量jj时绑定点击事件
15     if(jj!==null){
16         // 单击调转惊驾村介绍子页面
17         jj.onclick = function(){
18             window.open('../html/culture_son1.html');
19         }
20     }
```

至此，小茹完成了文化振兴功能，喜悦之情溢于言表。

任务评价

任务要求：提交文化振兴代码包。

考核方式：学生互评，教师点评。

评价标准：任务评价表，见表 2-2-8。

表 2-2-8 任务评价表

任务名称："官堰村振兴网"文化振兴页面制作	任务承接人：交付日期：	
项目要求	评价标准	成绩
HTML 结构完整（30 分）	1. 页面布局合理,代码有嵌套,类名有意义（10 分） 2. 布局排列正常，没有错乱布局（20 分）	
CSS 样式代码部分（40 分）	1. CSS 选择器语法正确，样式均生效（15 分） 2. CSS 样式功能完成（15 分） 3. CSS 代码动画流畅（10 分）	
JS 功能完善（30 分）	1. 成功实现页面跳转（10 分） 2. JS 代码无错误，命名规范（20 分）	
总分		
评价人	评价级别（√）	备注
个人	□优秀　□良好　□合格　□不合格	
老师	□优秀　□良好　□合格　□不合格	

拓展训练

一、选择题

1. Window 对象的子元素不包括（　　）。

　　A. location　　　B. document　　　C. url　　　D. history

2.（多选）可以实现返回上一个页面的方法有（　　）。

　　A．back()　　　　B．forward　　　　C．go(1)　　　　D．go(-1)

二、判断题

1．Window 对象的简称是 BOM，全称是顶级对象模型。（　　）

2．location 对象是地址栏对象，可以返回当前文档的 url。（　　）

任务 5　"官堰村振兴网"产业振兴页面制作

任务导入

"官堰村振兴网"的开发任务已经完成一半——"首页"功能模块和"文化振兴"功能模块的开发都已完成。虽然小组的开发任务逐渐变得多元化、复杂化，但是小组成员已经驾轻就熟，准备下一轮的挑战了。

这一次他们的任务是"官堰村振兴网"的第三个功能模块"产业振兴"，从中实现新的特效并完成布局也成了一项新的难题。

学习目标

- 掌握 animation 实现自定义动画。
- 熟练使用 JavaScript 获取元素。
- 熟悉标签切换效果实现步骤。

任务描述

帆凯根据原型设计图进一步分析，"官堰村振兴网"产业振兴功能模块包括："农政新闻"（农政新闻功能开发）、"五味子"（五味子功能开发）、"务农产业"（务农产业功能开发）、"官堰特产"（官堰特产功能开发）。

当我们完成产业振兴功能模块后，再让我们跟随帆凯依次实现农政新闻子页面（农业民情）、五味子子页面（五味子详细介绍）的开发。

前导知识

本章内容需要用到自定义动画，帆凯很快投入到新的学习中。

CSS3 实现动画的方式有三种：transition 过渡动画、transform 属性动画和 animation 自定义动画。前两种动画实现我们在下一章进行学习，本章我们先来学习 animation 自定义动画的实现。

想要实现 animation 自定义动画，必须要满足它的两个实现条件：首先，我们需要声明一个动画，再通过 animation 属性规定它的动画执行时间、动画运动曲线、动画延迟执行时间、动画播放速度等动画行为，如图 2-2-13 所示。

animation 自定义动画

【知识提醒】
animation 属性的必要属性包括：name、duration、timing-function。其他属性均为可选属性。

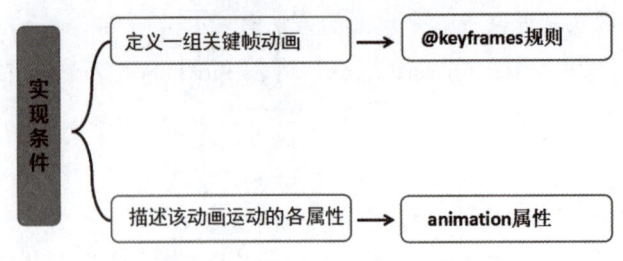

图 2-2-13　animation 动画实现条件

animation 属性的基本语法（共 8 个属性取值）如下所示：

animation: name duration timing-function delay iteration-count direction fill-mode play-state;

这些属性的含义见表 2-2-9。

表 2-2-9　animation 各属性含义

属性	描述说明
name	绑定的动画（@keyframes 规则）名称
duration	指定动画播放完成一次所花费时间
timing-function	设置动画速度曲线，取值 linear、ease 等
delay	可选属性，规定动画播放前的等待时间
iteration-count	规定动画播放的次数，取值 n、infinite
direction	动画是否反向播放动画，取值 normal、alternate（反向）
fill-mode	规定动画在播放之前或播放之后，最终的动画效果是否可见，取值 none、forwards、backwards
play-state	规定动画是否播放或暂停，取值 paused（暂停）、running（播放）

同学们对于这些属性不需要死记硬背，根据实际情况选择使用即可。

学会了使用 animation 属性，那么如何自定义 @keyframes 规则动画（又称关键帧动画）呢？我们先来认识 @keyframes 规则是什么。

在 CSS3 通过 keyframes 可以设置多个关键帧，每个关键帧就是动画在播放过程中的某个状态，由多个关键帧组成的最终播放过程就是完整的动画，它将会显得非常生动。

@keyframes 规则语法格式如下所示：

```
@keyframes animation-name {
    keyframes-selector{css-styles:value;}
}
```

【想一想】
animation-name 动画命名符合什么规则？

其中，animation-name 表示自定义动画名称，它是 animation 属性在调用动画时的唯一标识，所以动画名称不能省略，必须定义。

keyframes-selector 代表关键帧选择器，表示此刻关键帧在整个动画播放过程中的某一节点状态，它的取值可以是 n%（n 为具体数值）、from 或 to。from 和 0% 效果相同，都代表动画的开始状态，to 和 100% 代表动画的结束。

css-styles:value 表示动画播放到当前关键帧时 CSS 样式状态（可以理解为当前动画状态）。

以上三个属性都是必须设置的，否则自定义动画无法正常播放。

这里通过 div 平移动画的简单案例，体验一下关键字动画的运用。我们只需要在 HTML 部分写一个 <div></div> 标签，CSS 部分代码如下：

```
div
{
width:80px;
height:80;
background:green;
position:relative;
/*3秒内完成move动画，无限播放*/
animation:3s infinite;
-webkit-animation:move 3s infinite; /*Safari and Chrome*/
}

@keyframes move
{
from {top:0px;}
to {top:100;}
}

@-webkit-keyframes mymove /*Safari and Chrome*/
{
from {top:0px;}
to {top:100;}
}
```

【动手练习】

运用关键帧动画实现 div 块平移效果。

【知识提醒】

-webkit- 为谷歌浏览器前缀。

-moz- 为火狐浏览器前缀。

--ms-- 为 IE 浏览器前缀。

掌握了关键帧动画，让我们跟随帆凯把它用在产业振兴功能模块的开发上吧！

任务准备

知识与技能目标

在本次任务中，需要掌握以下知识与技能：

（1）HTML+CSS 布局。

（2）animation 自定义动画运用。

（3）实现 JavaScript 标签切换。

任务思考

帆凯同学经过深思，确定将以下工作为重点工作：

（1）引入公有样式文件，保证页面样式风格的统一。

（2）产业振兴功能模块布局。

（3）产业振兴子页面编写。

（4）JavaScript 效果融入。

任务分解

帆凯与组员们讨论后，将"官堰村振兴网站"产业振兴功能模块开发分为如下 3 个步骤：

（1）编写 HTML 代码，实现产业振兴主功能模块和子页面模块。

（2）编写 CSS 代码，美化网页，实现关键帧动画效果。

（3）编写 JS 脚本，实现标签切换效果。

任务准备工作

要点讲解

任务实施

步骤 1：编写 HTML 代码，实现产业振兴主功能模块和子页面模块。
industry.html

步骤 1-1：在 HTML 文件下新建 industry.html 文件，引入公有样式后（init.css、public.css、style.css），在 CSS 文件下新建 industry.css 文件。

```
1    <!DOCTYPE html>
2    <html lang="en">
3    
4    <head>
5      <meta charset="UTF-8">
6      <meta name="viewport" content="width=device-width, initial-scale=1.0">
7      <title>产业振兴</title>
8      <link rel="stylesheet" href="../css/init.css">
9      <link rel="stylesheet" href="../css/public.css">
10     <link rel="stylesheet" href="../css/style.css">
11     <link rel="stylesheet" href="../css/industry.css">
12   </head>
13   
14   <body id="body">
15     <div id="loading">
16       <h1>
17         <span>L</span>
18         <span>O</span>
19         <span>A</span>
20         <span>D</span>
21         <span>I</span>
22         <span>N</span>
23         <span>G</span>
24         <span>.</span>
25         <span>.</span>
26         <span>.</span>
27       </h1>
28       <div class="progress-bar"></div>
29     </div>
30     <div id="content" style="display: none;">
```

步骤 1-2：编写上方主图部分代码。

```
31         <!-- 主图部分 -->
32         <div class="img">
33           <img src="../images/产业/主页面/主题.jgp" alt="">
34         </div>
35         <!-- 导航栏 -->
36         <div class="ph_nav">
37           <div class="a1200">
38             <ul class="ph_nav_ul">
39               <li class="ph_nav_li_first">
40                 <a href="index.html" target="_blank">首页</a>
41               </li>
42               <li class="ph_nav_li">
43                 <a href="culture.html" target="_blank">文化</a>
```

44	`<ul class="ul">`
45	`<li><a href="culture_son1.html" target="_blank">古人古事</a><a href="culture_son2.html" target="_blank">教育发展</a></li>`
46	`</ul>`
47	`</li>`
48	`<li class="ph_nav_li">`
49	`<a href="industry.html" target="_blank">产业</a>`
50	`<ul class="ul">`
51	`<li><a href="industry_son1.html" target="_blank">农业民情</a><a href="industry_son2.html" target="_blank">五味子</a></li>`
52	`</ul>`
53	`</li>`
54	`<li class="ph_nav_li">`
55	`<a href="ecological.html" target="_blank">生态</a>`
56	`<ul class="ul">`
57	`<li><a href="ecological_son.html" target="_blank">生态展示</a></li>`
58	`</ul>`
59	`</li>`
60	`</ul>`
61	`</div>`
62	`</div>`

步骤 1-3：编写"农政新闻"模块 HTML 代码。

63	`<!-- 农政新闻模块 -->`
64	`<div class="top_tit">`
65	`<span class="span1"><a href="#">农政新闻</a></span> `
66	`</div>`
67	`<div class="news a1200">`
68	`<ul>`
69	`<li><a href="#">官堰村进行玉米品种引进与试验等相关工作</a><span class="time">[6-17]</span></li>`
70	`<li><a href="#">官堰村于今年开始进行五味子第一批种植</a><span class="time">[6-11]</span></li>`
71	`<li><a href="#">官堰村葡萄产业大户对村民进行葡萄产业发展指导</a><span class="time">[6-02]</span></li>`
72	`<li><a href="#">加快发展节水农业 持续提高水资源集约节约利用水平</a><span class="time">[5-25]</span></li>`
73	`<li><a href="industry_son1.html">查看更多</a></li>`
74	`</ul>`
75	`<img id="news_img" src="../images/产业/主页面/农政新闻.jpg">`
76	`</div>`
77	`<!-- 介绍 -->`
78	`<div class="intro a1200">`
79	`<div class="img">`
80	`<img src="../images/产业/主页面/五味子.jpg" alt="">`
81	`</div>`
82	`<div class="text">`
83	`<p>《本草纲目》：五味子，入补药熟用，入嗽药生用。五味子酸咸入肝而补肾，辛苦入心而补肺，甘入中宫益脾胃。<a href="industry_son2.html">查看更多</a></p>`
84	`</div>`
85	`</div>`

步骤1-4：编写"务农产业"模块 HTML 代码。

```
86          <!-- 务农产业展示部分 -->
87          <div class="top_tit">
88              <span class="span1"><a href="#">务农产业</a></span><br />
89          </div>
90          <div class="content-jieqi a1200">
91              <div class="box">
92                  <div class="title">户太8号
93                      <div class="a">
94                          <div class="img"><img src="../images/产业/主页面/作物1.jpg" alt=""></div>
95                          <span>"户太8号"葡萄及栽培管理技术"户太8号"葡萄品种，果穗整齐一致，圆柱形，平均单穗重500～800g。"户太8号"葡萄果粒大、呈紫色，含糖量达17.3%，口感好，香味浓，外观色泽鲜艳，耐储运。</span>
96                      </div>
97                  </div>
98              </div>
99              <div class="box">
100                 <div class="title">玉米
101                     <div class="a">
102                         <div class="img"><img src="../images/产业/主页面/作物2.jpg" alt=""></div>
103                         <span>玉米的营养价值较高，是优良的粮食作物。作为中国的高产粮食作物，相对的，玉米也成为了官堰村最多的种植作物。玉米是畜牧业、养殖业、水产养殖业等的重要饲料来源，也是食品、医疗卫生、轻工业、化工业等不可或缺的原料之一。</span>
104                     </div>
105                 </div>
106             </div>
107             <div class="box">
108                 <div class="title">小麦
109                     <div class="a">
110                         <div class="img"><img src="../images/产业/主页面/作物3.jpg" alt=""></div>
111                         <span>小麦是三大谷物之一，几乎全作食用，仅有约六分之一的国家将其作饲料使用。两河流域是世界上最早栽培小麦的地区，中国是世界较早种植小麦的国家之一，根据中国"南米北面"的饮食习惯，官堰村在小麦种植上也有一定的发展。</span>
112                     </div>
113                 </div>
114             </div>
115             <div class="box">
116                 <div class="title">鸡
117                     <div class="a">
118                         <div class="img"><img src="../images/产业/主页面/作物4.jpg" alt=""></div><span>
119                         鸡肉味道鲜美且有营养。鸡的营养物质大部分为蛋白质和脂肪，鸡肉的做法多种多样且价格亲民，因此也成了官堰村名吃"麦苋鸡"的一大原材料。</span>
120                     </div>
121                 </div>
122             </div>
123         </div>
```

步骤1-5：编写油坊 + 麦苋鸡切换效果 HTML 代码。

```
124         <!-- 油坊+麦苋鸡切换效果 -->
125         <div class="top_tit">
126             <span class="span1"><a href="#">官堰特产</a></span><br />
```

```
127             </div>
128             <div class="duanwu a1000">
129               <div class="btn">
130                 <button>油坊</button>
131                 <button>麦苋鸡</button>
132               </div>
133               <div class="box" style="display: block;">
134                 <div class="img"><img src="../images/产业/主页面/油坊.jpg" alt=""></div>
135                 <div class="text">
136                   <h3>非物质文化遗产——油坊</h3>
137                   <p>老油坊采用古法榨油工艺，延续了清代的传统立式榨油方式，榨出的油质纯、色亮、口感好，至今已有130余年的历史，堪称地方民间手工榨油技艺的"活化石"。该榨油技艺在2009年被陕西省人民政府入选为"陕西省非物质文化遗产"，于2018年11月24日计入非遗协会。
138                   </p>
139                 </div>
140               </div>
141               <div class="box">
142                 <div class="img"><img src="../images/产业/主页面/麦苋鸡.jpg" alt=""></div>
143                 <div class="text">
144                   <h3>麦苋鸡</h3>
145                   <p>麦苋鸡是官堰村一大名吃，菜中含有淡淡的药味，但也不乏大料的香味，入口鸡肉软嫩，药味与料味达到出奇的平衡，随后吮吸菜中的麦秆，在原先味道的基础上又加入了一股麦秆独有的清香与微苦味，令人垂涎三尺、难以忘怀。再搭配上老板秘制的提子酒，正应了那句"终南佳肴岂能无鸡，世间雅量岂能无酒"。
146                   </p>
147                 </div>
148               </div>
149             </div>
150             <!-- 返回顶部按钮 -->
151             <button id="myBtn">返回顶部</button>
```

步骤1-6：编写页面底部HTML代码。

```
152         <!-- 页面底部 -->
153         <div class="footer_bg">
154           <div class="container">
155             <div class="row  footer">
156               <div class="copy text-center">
157                 <img>
158                 <p>
159                   <span>
160                     欢迎您来到官堰村<br>
161                     官堰村地址： 陕西省西安市长安区西滦路S107（关中环线）<br>
162                     咨询电话：029-××××0128<br>
163                     手机号码：158××××9875<br>
164                     版权所有© ×××× 陕ICP备0600××××号
165                   </span>
166                 </p>
167               </div>
168             </div>
169           </div>
170         </div>
171       </div>
```

172	`</body>`
173	`<script src="../js/public.js"></script>`
174	`</html>`

industry.html 文件编写完毕。

industry_son1.html

步骤 1-7：在 HTML 文件下新建 industry_son1.html 文件，引入公有样式后（init.css、public.css、son_public.css），再编写如下 HTML 代码。

1	`<!DOCTYPE html>`
2	`<html lang="en">`
3	
4	`<head>`
5	`  <meta charset="UTF-8">`
6	`  <meta name="viewport" content="width=device-width, initial-scale=1.0">`
7	`  <title>农业民情</title>`
8	`  <link rel="stylesheet" href="../css/init.css">`
9	`  <link rel="stylesheet" href="../css/public.css">`
10	`  <link rel="stylesheet" href="../css/son_public.css">`
11	`</head>`
12	
13	`<body>`
14	`    <!-- 交谈图片 -->`
15	`    <div class="img">`
16	`      <img src="../images/产业/子页面一/图片.jpg" alt="">`
17	`    </div>`
18	`    <div class="intro">`
19	
20	`    </div>`
21	`    <!-- 农政新闻详情部分 -->`
22	`    <div class="news">`
23	`      <h1>官堰村邀请该村葡萄产业大户进行种植指导</h1>`
24	`      <!-- 新闻头部 -->`
25	`      <div class="news_header">`
26	`        <a href="#">西安市长安区官堰村 时间：2021-05-26 14:48:11</a>`
27	` 历史典故	来源：`
28	`      </div>`
29	`      <!-- 新闻主题 -->`
30	`      <div class="news_body">`
31	`        <p style="text-indent: 2em;">`
32	为了深入贯彻落实乡村振兴战略，促进我村葡萄产业转型升级，积极打造一批特色突出、示范带动明显、经济效益良好的现代果业园区，努力实现我村振兴和城乡融合发展，市农业农村局、市农技中心特别邀请我村葡萄产业大户指导葡萄产业发展。西安市农业农村局二级巡视员周新民、果业处处长夏长生、农业农村局局长范化译、副局长吴宝陪同调研，区农技中心、葡萄产业联合会应邀参加了调研指导活动。活动介绍了葡萄的生长注意事项、防护措施以及各种浇灌方式、浇灌时间以及用水量的问题，向我们展示了自家葡萄"种得多、吃得多、卖得多、挣得多"的秘诀。
33	`        </p>`
34	`        <div class="edit_cf">（责编：刘帆凯、郭柏良）</div>`
35	`      </div>`
36	`    </div>`

```
37              <!-- 页面底部 -->
38              <div class="footer_bg">
39                <div class="container">
40                  <div class="row footer">
41                    <div class="copy text-center">
42                      <img>
43                      <p>
44                        <span>
45                          欢迎您来到官堰村<br>
46                          官堰村地址： 陕西省西安市长安区西滦路S107（关中环线）<br>
47                          咨询电话：029-××××0128<br>
48                          手机号码：158××××9875<br>
49                          版权所有©×××× 陕ICP备0600××××号
50                        </span>
51                      </p>
52                    </div>
53                  </div>
54                </div>
55              </div>
56            </body>
57
58            </html>
```

industry_son1.html 文件编写完毕。

industry_son2.html

步骤1-8：在 HTML 文件下新建 industry_son2.html 文件，引入公有样式后（init.css、public.css、son_public.css、all_son.css），再编写以下 HTML 代码。

```
1    <!DOCTYPE html>
2    <html lang="en">
3
4    <head>
5      <meta charset="UTF-8">
6      <meta name="viewport" content="width=device-width, initial-scale=1.0">
7      <title>五味子</title>
8      <link rel="stylesheet" href="../css/init.css">
9      <link rel="stylesheet" href="../css/public.css">
10     <link rel="stylesheet" href="../css/son_public.css">
11     <link rel="stylesheet" href="../css/all_son.css">
12   </head>
13
14   <body>
15     <!-- 交谈图片 -->
16     <div class="img">
17       <img src="../images/产业/子页面二/上方图片.jpg" alt="">
18     </div>
19     <!-- 介绍 -->
20     <div class="intro">
21
22     </div>
```

```html
23      <!-- 五味子介绍部分 -->
24      <div class="news">
25          <h1>五味子介绍</h1>
26          <!-- 新闻头部 -->
27          <div class="news_header">
28              <a href="#">五味子</a>
29              基本介绍 | 价值:
30          </div>
31          <!-- 新闻主题 -->
32          <div class="news_body">
33              <p style="text-indent: 2em;">
34                  在官堰村游玩,少不了参观一味中药——五味子。我带着大家来到了家中城堡的五味子园,通过园中伯伯的介绍,我们知道了五味子分为北五味子和南五味子,北五味子质比南五味子优良。北五味子呈不规则的球形或扁球形,直径约为5~8 mm,表面呈红色、紫红色或暗红色,皱缩,显油润,果肉柔软,有的表面呈黑红色或出现"白霜"。种子似肾形,表面棕黄色,有光泽,种皮薄而脆。果肉气微,味酸;种子破碎后,有香气,味辛、微苦。南五味子粒较小,表面呈棕红色至暗棕色,干瘪,皱缩,果肉常紧贴种子上。
35              </p>
36              <p style="text-indent: 2em;">
37                  五味子为著名中药,其果含有五味子素及维生素C、树脂、鞣质及少量糖类,有敛肺止咳、滋补涩精、止泻止汗之效。其叶、果实可提取芳香油。种仁含有脂肪油,榨油可作工业原料、润滑油。茎皮纤维柔韧,可供绳索等制造用。
38              </p>
39              <div class="edit_cf">(责编:刘帆凯、刘茹)</div>
40          </div>
41      </div>
42      <!-- 五味子下图 -->
43      <div class="footer_img" style="margin-bottom: 15px;">
44          <img src="../images/产业/子页面二/下方图片1.jpg" alt="">
45      </div>
46      <!-- 页面底部 -->
47      <div class="footer_bg">
48          <div class="container">
49              <div class="row_footer">
50                  <div class="copy text-center">
51                      <img>
52                      <p>
53                          <span>
54                              欢迎您来到官堰村<br>
55                              官堰村地址:陕西省西安市长安区西滦路S107(关中环线)<br>
56                              咨询电话:029-××××0128<br>
57                              手机号码:158××××9875<br>
58                              版权所有©×××× 陕ICP备0600××××号
59                          </span>
60                      </p>
61                  </div>
62              </div>
63          </div>
```

64	`</div>`
65	`</body>`
66	
67	`</html>`

industry_son2.html 文件编写完毕。

经过一番探寻与摸索，并在老师的指导下，帆凯终于将首页 HTML 的框架构建完毕。当前的页面如图 2-2-14 至图 2-2-16 所示，虽说不怎么好看，但付出的努力与辛苦却不曾减少。

老师说，若想页面变得优美，还需要 CSS 样式的修饰。只要有锲而不舍的精神，才会突破自我，到达一个新的高度。

图 2-2-14　"产业振兴"模块效果

图 2-2-15　"农业民情"模块效果

图 2-2-16 "五味子"模块效果

步骤 2：编写 CSS 代码，美化网页，实现关键帧动画效果。

industry.css

步骤 2-1：打开 CSS 目录下 industry.css 文件，进行样式代码编写。完成农政新闻模块样式代码编写，包括容器样式、文字样式、图片样式、animation 动画设置。

```
1    /* 农政新闻样式部分 */
2    .news {
3        position: relative;
4        width: 720px;
5        height: 180px;
6    }
7    /* 新闻初始定位（初始位置在下方）*/
8    .news ul li {
9        position: absolute;
10       bottom: 0;
11       left: 0;
12       font-size: 16px;
13       z-index: 1;
14       /* margin-top:20px ; */
15   }
16   /* 新闻文字样式 */
17   .news ul li a{
18       text-decoration: underline;
```

```css
19      font-style: italic;
20      font-weight: bold;
21      /* font-size: 14px; */
22    }
23    /* 新闻时间样式 */
24    .news ul li .time {
25      float: right;
26      margin-left: 20px;
27      color: #2B542C;
28      cursor: pointer;
29      font-weight: bold;
30    }
31
32    .news ul li .time:hover{
33      color: #C81623;
34    }
35    /* 新闻图片样式 */
36    #news_img{
37      width: 250px;
38      height: 150px;
39      position: absolute;
40      bottom: -200px;
41      left: 600px;
42      z-index: 1;
43    }
44    /* 每一条新闻添加自定义动画，0.5s内执行完毕 */
45    .news ul li:nth-child(1) {
46      animation: move 0.5s linear;
47      animation-delay: 2s;
48      animation-fill-mode: forwards;
49    }
50
51    .news ul li:nth-child(2) {
52      animation: move2 0.5s linear;
53      animation-delay: 2.5s;
54      animation-fill-mode: forwards;
55    }
56
57    .news ul li:nth-child(3) {
58      animation: move3 0.5s linear;
59      animation-delay: 2.7s;
60      animation-fill-mode: forwards;
61    }
62
63    .news ul li:nth-child(4) {
64      animation: move4 0.5s linear;
65      animation-delay: 3s;
66      animation-fill-mode: forwards;
```

```
67      }
68
69      .news ul li:nth-child(5) {
70          animation: move5 0.5s linear;
71          animation-delay: 3.2s;
72          animation-fill-mode: forwards;
73      }
```

步骤2-2：编写"农政新闻"图片动画，完成定义文字和图片关键帧动画。

```
74      /* 图片自定义动画 */
75      #news_img{
76          animation: move5 0.1s linear;
77          animation-delay: 3.5s;
78          animation-fill-mode: forwards;
79      }
80      /* 根据每一条新闻的出现位置，定义不同的关键帧动画 */
81      @keyframes move {
82          0% {
83              bottom: 0px;
84          }
85
86          25% {
87              bottom: 25px;
88          }
89
90          50% {
91              bottom: 50px;
92          }
93
94          75% {
95              bottom: 100px;
96          }
97
98          100% {
99              bottom: 150px;
100         }
101     }
102
103     @keyframes move2 {
104         0% {
105             bottom: 0px;
106         }
107
108         25% {
109             bottom: 35px;
110         }
111
112         50% {
113             bottom: 75px;
```

```css
        }

        100% {
            bottom: 120px;
            left: 0;
        }
    }

    @keyframes move3 {
        0% {
            bottom: 0px;
        }

        50% {
            bottom: 40px;
        }

        100% {
            bottom: 90px;
        }

    }

    @keyframes move4 {
        0% {
            bottom: 0px;
        }

        50% {
            bottom: 25px;
        }

        100% {
            bottom: 60px;
        }
    }

    @keyframes move5 {
        0% {
            bottom: 0px;
        }

        100% {
            bottom: 30px;
        }
    }

    @keyframes move_img {
        0% {
            bottom: -200px;
        }
```

```
166        100% {
167            bottom: 130px;
168        }
169    }
170
171
```

步骤2-3：编写页面中部"五味子"模块样式，包括容器、文字、图片样式。

```
172    /* 五味子介绍样式 */
173    .intro {
174        /* 定义元素为flex布局 */
175        display: flex;
176        height: 550px;
177        position: relative;
178        z-index: 10;
179    }
180
181    .intro .img {
182        /* 占四份 */
183        flex: 4;
184        height: 100%;
185    }
186
187    .intro .img img {
188        /* 和其父元素一样宽 */
189        width: 100%;
190        /* 和其父元素一样高 */
191        height: 100%;
192    }
193
194    .intro .text {
195        /* 占一份 */
196        flex: 1;
197        /* 设置text元素内边距 */
198        padding: 5% 40px;
199        text-align: center;
200        /* 设置背景颜色 */
201        background: #81a849;
202        margin: auto;
203        height: 100%;
204    }
205
206    .intro .text p {
207        /* 设置元素上边框样式 */
208        border-top: 1px solid #c0d4a4;
209        /* 设置元素下边框样式 */
210        border-bottom: 1px solid #c0d4a4;
211        padding: 20px 18px;
212        line-height: 32px;
213        color: #fff;
214        /* 文字左居中属性 */
215        text-align: left;
```

```
216        /* 大号字体 */
217        font-size: large;
218        /* 上间距 */
219        margin-top: 85px;
220    }
221
222    .intro .text a:hover {
223        color: #cccccc;
224    }
225
```

步骤2-4：编写"务农产业"基本样式，包括容器、图片、文字样式及鼠标悬停时出现图文结合的样式。

```
226    /* 务农产业样式部分 */
227    .content-jieqi {
228        /* display: flex; */
229        overflow: hidden;
230    }
231    /* 产业盒子样式 */
232    .content-jieqi .box {
233        width: 600px;
234        position: relative;
235        height: 300px;
236        margin: 0;
237        float: left;
238        margin: 20px 0;
239        cursor: pointer;
240    }
241    /* 产业标题样式 */
242    .content-jieqi .box .title {
243        background-color: rgb(1, 77, 1);
244        font-size: 18px;
245        line-height: 300px;
246        color: #fff;
247        width: 75px;
248        text-align: center;
249    }
250
251    .content-jieqi .box .a {
252        display: none;
253        position: absolute;
254        top: 0;
255        left: 0;
256    }
257
258    .content-jieqi .box .img {
259        width: 400px;
260        height: 300px;
261
262    }
263
264    .content-jieqi .box .img img {
```

```css
265        width: 100%;
266        height: 100%;
267        float: left;
268    }
269    /* 每种产业文字介绍 */
270    .content-jieqi .box span {
271        display: block;
272        width: 160px;
273        height: 100%;
274        background-color: gray;
275        position: absolute;
276        top: 0;
277        right: -145px;
278        z-index: 999;
279        padding: 10px;
280        font-size:14px;
281        text-indent: 2em;
282    }
283
284    .content-jieqi .title:hover .a {
285        display: block;
286    }
287
```

步骤2-5：编写"油坊+麦苋鸡"标签切换基本样式，包括容器、文字、伪元素、图片及按钮样式。

```css
288    /* 油坊+麦苋鸡切换效果样式 */
289    .duanwu {
290        position: relative;
291        clear: both;
292        margin-bottom: 25px;
293    }
294
295    .duanwu:after {
296        content: "020";
297        display: block;
298        height: 0;
299        clear: both;
300        visibility: hidden;
301    }
302
303    .duanwu .btn {
304        position: absolute;
305        top: 0;
306        left: -35px;
307        width: 32px;
308    }
309
310    .duanwu .box {
311        display: none;
312    }
313    /* 按钮样式 */
```

```css
314    .duanwu .btn button {
315        width: 30px;
316        height: 90px;
317        margin-bottom: 10px;
318    }
319
320    .duanwu .box .img {
321        float: left;
322        width: 300px;
323        height: 200px;
324    }
325
326    .duanwu .box .text {
327        float: left;
328        width: 700px;
329        height: 220px;
330        overflow: hidden;
331        padding: 0 25px;
332        font-size: 16px;
333        line-height: 30px;
334    }
335    /* 油坊介绍标题样式 */
336    .duanwu .box .text h3 {
337        color: #4c4c4c;
338        font-size: 24px;
339        font-weight: bold;
340        /* margin-bottom: 15px; */
341        height: 50px;
342        line-height: 50px;
343        text-align: center;
344        cursor: pointer;
345    }
346    .duanwu .box .text h3:hover{
347        color: white;
348        background-color: #4c4c4c;
349    }
350    /* 油坊文字介绍样式 */
351    .duanwu .box .text p {
352        font-size: 16px;
353        margin: 0;
354        cursor: pointer;
355        text-indent: 2em;
356        border: 1px solid black;
357        padding: 0px 10px;
358        border-radius: 5px;
359        box-shadow: 10px 10px 5px #888888;
360    }
361
```

至此，帆凯已完成 CSS 样式的编写，成功使页面变得优美起来，如图 2-2-17 所示。CSS 效果的强大令人惊叹，前后的变化着实让人吃惊。帆凯在完成 HTML+CSS 代码的编写后，不禁露出满意的微笑。

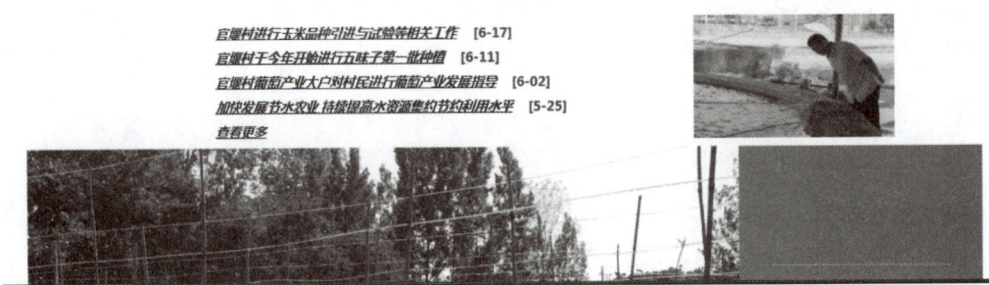

图 2-2-17 "产业振兴"模块效果

可是，细心的同学不难发现，单击"麦苋鸡"和"油坊"的按钮时，无法实现切换效果，这还需要完成 JavaScript 代码的编写。

步骤 3：编写 JS 脚本，实现标签切换效果。

public.js

步骤 3-1：在 public.js 文件已有代码后添加代码，获取按钮和文字容器元素。

```
1    // 获取产业新闻按钮元素（产业振兴）
2    var btns2 = document.querySelectorAll("button");
3
```

步骤 3-2：调用 switch_news( ) 方法实现切换效果。

```
4    // 获取产业新闻内容元素
5    var boxs = document.querySelectorAll(".duanwu .box");
6    // 调用新闻切换方法
7    switch_news(btns2,boxs);
```

到此，帆凯已经完成了"产业振兴"功能模块的开发任务。相信同学们做到这里，会感到像完成一件艺术品一样满足，但也会发现你的知识还有些许不足，"学海无涯苦作舟"，今后还需继续努力不断前行，攀登新的高峰。

▶任务评价

任务要求：提交产业振兴代码包。

考核方式：学生互评，教师点评。

评价标准：任务评价表，见表 2-2-10。

表 2-2-10　任务评价表

任务名称:"官堰村振兴网"产业振兴页面制作	任务承接人: 交付日期:	
项目要求	评价标准	成绩
HTML 结构完整（30 分）	1. 布局合理，引入文件无误（10 分） 2. 效果图无明显错乱（20 分）	
CSS 样式代码部分（40 分）	1. CSS 基础样式完成（15 分） 2. CSS 动画功能完成（15 分） 3. CSS 代码有新尝试（10 分）	
JS 功能完善（30 分）	标签切换功能完成（30 分）	
总分		
评价人	评价级别（√）	备注
个人	□优秀　□良好　□合格　□不合格	
老师	□优秀　□良好　□合格　□不合格	

拓展训练

一、选择题

1. CSS3 中不能实现动画的属性是（　　）。

　　A．transition　　　　　　　　　　B．animation

　　C．animation　　　　　　　　　　D．text-shadow

二、判断题

1. @keyframes 关键字动画可以实现过渡效果。　　　　　　　　　　（　　）
2. animation 属性取值至少为 4 个。　　　　　　　　　　　　　　　（　　）

任务 6　"官堰村振兴网"生态振兴页面制作

任务导入

不知不觉，"官堰村振兴网"的制作已经逐渐接近了尾声，最后需要完成前端功能页面"生态振兴"的制作。大家对于新任务不敢怠慢，决定即刻完成"生态振兴"功能模块。

热爱拍摄生态素材的小郭同学对"生态振兴"模块任务满怀着兴趣和信心。

学习目标

- 掌握 transition 过渡动画制作。
- 掌握 transform 典型四种动画制作。
- 掌握简单的插件使用方法。

任务描述

作为"生态振兴"功能模块，小郭决定运用 jquery 插件实现生态轮播图，这对于小郭和整个项目组而言是一个新的挑战。但值得庆幸的是，其他功能模块都已经完成，因此开发本章任务代码难度降低了不少。对此任务，小郭信心满满！

前导知识

上一章学习了 animation 自定义动画的制作，小郭认为通过 animation 属性实现动画代码量比较多，不方便制作简单动画。在老师的帮助下，小郭学会了更简单、更高效的动画制作方法，让我们跟随小郭一起学习 transition 属性和 transform 属性吧。

一、transition 属性

通俗来讲，transition 属性用来规定元素过渡效果。它能够实现动画原理是在规定时间内，通过逐渐的修改元素某个 CSS 值，使元素从开始的样式平滑过渡到另一个样式。

因此，transition 过渡动画必须满足两个条件才能实现，它们分别是需要指定发生过渡变化的 css 属性、规定的过渡时长。

transition 属性基本语法如下所示：

```
transition: property  duration  timing-function delay;
```

可以看出，transition 也是一个复合属性，不过它的属性与 animation 属性类似，每个子属性的含义见表 2-2-11。

表 2-2-11 transition 子属性含义

属性	描述说明
property	指定过渡的 CSS 属性名称
duration	完成一次指定过渡动画播放花费的时间
timing-function	过渡效果时间曲线，取值 linear、ease 等
delay	可选属性，规定过渡发生前的等待时间

【知识提醒】
transition 属性可以使用 all 指定全部 CSS 属性过渡。

我们通过一个简单示例实现 transition 过渡动画。首先，我们在 HTML 部分写一个 `<div></div>` 标签，设置 `<div>` 宽高为 100px，即为正方形，添加蓝色背景色。当鼠标移动上去时，正方形在 2 秒内变为圆形图案，代码如下：

CSS 样式代码：

```css
div
{
width:100px;
height:100px;
background:blue;
/*指定border-radius属性在2秒内发生过渡改变*/
transition:border-radius 2s;
-moz-transition:border-radius 2s;      /* Firefox 4 */
-webkit-transition:border-radius 2s;   /* Safari and Chrome */
-o-transition:border-radius 2s;        /* Opera */
}
/*当鼠标悬停时，将border-radius圆角设置为50%*/
div:hover
{
```

```
border-radius:50%;
}
```

二、transform 属性

CSS3 新引入的 transform 属性可以轻松实现动画效果，它可以指定元素实现变形、旋转、缩放、平移的视觉效果，如图 2-2-18 所示。

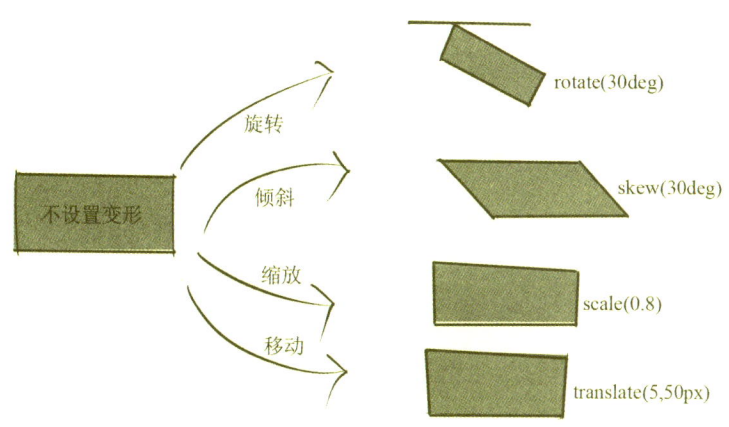

图 2-2-18　transform 动画类型

大家不难发现，transform 支持 4 种动画方式，每一种类型动画所对应的用法见表 2-2-12。

表 2-2-12　transform 动画取值属性

属性	描述	参数说明
rotate(angel)	旋转效果	angel 代表度倾斜角度数值
skew(x-angel,y-angel)	倾斜效果	angel 代表度倾斜角度数值
skewX(angel)	沿 x 轴倾斜	
skewY(angel)	沿 y 轴倾斜	
scale(x,y)	缩放效果（元素宽高发生改变）	缩放比例，可以取值正数、负数和小数
scaleX(x)	修改元素宽度	
scaleY(y)	修改元素高度	
translate(x,y)	移动效果（基于 x 轴、y 轴发生移动）	具体移动的数值，x 代表水平方向，y 代表上垂直方向，向左和向上移动使用负数，反之用正数
translateX(x)	沿 x 轴移动	
translateY(y)	沿 y 轴移动	

我们通过四个代码示例分别实现变形、旋转、缩放、平移动画效果。我们同样在 HTML 部分写一个 <div></div> 标签，设置 <div> 宽为 200px、高为 100px，即为长方形，添加绿色背景色。大家可以参考示例代码自行练习，加深理解。

示例代码 1：

```
/*旋转效果*/
div { transform: rotate(30deg); //顺时针 }
div { transform: rotate(-30deg); //逆时针 }
```

示例代码 2：

```
/*缩放效果*/
```

【想一想】
transform 属性如何实现 3D 图形变换？

【动手练习】
transform 四种动画类型。

【想一想】
平移动画可以通过哪些动画方式实现？

```
div { transform: scale(.5);            //缩小为原来的一半 }
div { transform: scale(3);             //放大为原来的3倍 }
```

示例代码 3：

```
/*倾斜效果*/
div  { transform: skewX(-5deg);        //X轴顺时针旋转5° }
div  { transform: skewY(30deg);        //Y轴逆时针旋转30° }
```

示例代码 4：

```
/*平移效果*/
div{ transform: translateX(-20px);     //水平向左平移20像素 }
div{ transform: translateY(30%);       //垂直向下平移自身高30% }
div { transform: translate(-20px, 30%); //同时在X轴和Y轴上平移 }
```

基础知识学习完了，小郭马不停蹄地进行"官堰村振兴网"——生态振兴功能模块的开发。

任务准备

任务准备工作

知识与技能目标

在本次任务中，需要掌握以下知识与技能：

（1）运用 HTML 构造网页框架，运用 CSS 搭建网页布局。

（2）CSS 代码修改调整能力。

（3）运用 jQuery 实现轮播插件效果。

任务思考

小郭分析开发必要条件，确定以下重点工作：

（1）引入公有样式文件，保证页面风格一致。

（2）生态振兴功能模块布局。

（3）生态振兴子页面编写。

（4）在生态振兴功能模块完成轮播图插件的引入。

任务分解

小郭与组员们讨论后，将"官堰村振兴网站"生态振兴功能模块开发分为如下 3 个步骤：

（1）编写 HTML 代码，实现生态振兴主功能模块和子页面模块，完成引入插件并调用方法。

（2）编写 CSS 代码，美化页面，确保插件样式完善。

（3）编写 JS 脚本，实现跳转功能。

任务实施

要点讲解

步骤 1：编写 HTML 代码，实现生态振兴主功能模块和子页面模块，完成引入插件并调用方法。

ecological.html

准备工作：下载本书配套资源，在 JS 文件中复制 jquery-1.11.0.min.js 和 camroll_slider.min.js 文件放置本项目 JS 目录中。

步骤 1-1：在 HTML 文件下新建 ecological.html 文件，引入公有样式（init.css、public.css、style.css）后，在 CSS 文件下新建 ecological.css 文件与 camroll_slider.css 文件。

```
1    <!DOCTYPE html>
2    <html lang="en">
3    
4    <head>
5      <meta charset="UTF-8">
6      <meta name="viewport" content="width=device-width, initial-scale=1.0">
7      <title>生态振兴</title>
8      <link rel="stylesheet" href="../css/init.css">
9      <link rel="stylesheet" href="../css/public.css">
10     <link rel="stylesheet" href="../css/style.css">
11     <link rel="stylesheet" href="../css/ecological.css">
12     <link rel="stylesheet" href="../css/camroll_slider.css"/>
13   </head>
14   
15   <body id="body">
16   <div id="loading">
17     <h1>
18       <span>L</span>
19       <span>O</span>
20       <span>A</span>
21       <span>D</span>
22       <span>I</span>
23       <span>N</span>
24       <span>G</span>
25       <span>.</span>
26       <span>.</span>
27       <span>.</span>
28     </h1>
29     <div class="progress-bar"></div>
30     <div style="text-align:center;">
31     
32     </div>
33   </div>
34   <div id="content" style="display: none;">
```

步骤1-2：编写上方主图模块代码。

```
35          <!-- 生态主图部分 -->
36          <div class="img">
37            <img src="../images/生态/主页面/全景.jpg" alt="">
38          </div>
39          <!-- 导航栏 -->
40          <div class="ph_nav">
41            <div class="a1200">
42              <ul class="ph_nav_ul">
43                <li class="ph_nav_li_first">
44                  <a href="index.html" target="_blank">首页</a>
45                </li>
46                <li class="ph_nav_li">
47                  <a href="culture.html" target="_blank">文化</a>
48                  <ul class="ul">
49                    <li><a href="culture_son1.html" target="_blank">古人古事</a><a href="culture_son2.html" target="_blank">教育发展</a></li>
50                  </ul>
```

```
51              </li>
52              <li class="ph_nav_li">
53                  <a href="industry.html" target="_blank">产业</a>
54                  <ul class="ul">
55                      <li><a href="industry_son1.html" target="_blank">农业民情</a><a href="industry_son2.html" target="_blank">五味子</a></li>
56                  </ul>
57              </li>
58              <li class="ph_nav_li">
59                  <a href="ecological.html" target="_blank">生态</a>
60                  <ul class="ul">
61                      <li><a href="ecological_son.html" target="_blank">生态展示</a></li>
62                  </ul>
63              </li>
64          </ul>
65      </div>
66  </div>
```

步骤1-3：编写"多点生态"模块HTML代码。

```
67  <!-- 多点生态部分 -->
68  <div class="top_tit">
69      <span class="span1"><a href="#">多点生态</a></span><br />
70  </div>
71  <div class="content-maizi a1200">
72      <div class="box">
73          <div class="box_son">
74              <div class="title">山
75              </div>
76          </div>
77          <div id="a">
78              <div class="img"><img src="../images/生态/主页面/山.jpg" alt=""></div>
79          </div>
80      </div>
81      <div class="box">
82          <div class="box_son">
83              <div class="title">水
84              </div>
85          </div>
86          <div id="a">
87              <div class="img"><img src="../images/生态/主页面/水.jpg" alt=""></div>
88          </div>
89      </div>
90      <div class="box">
91          <div class="box_son">
92              <div class="title">人
93              </div>
94          </div>
95          <div id="a">
96              <div class="img"><img src="../images/生态/主页面/人.jpg" alt=""></div>
97          </div>
98      </div>
99      <div id="e_show">
100         <button>查看更多</button>
101     </div>
102 </div>
103 <!-- 标语 -->
104 <div class="sign_img a1200">
```

105	`<img src="../images/生态/主页面/标语.jpg" alt="">`
106	`</div>`

步骤1-4：编写"别样官堰"HTML结构代码。

107	`<!-- 别样官堰部分 -->`
108	`<div class="top_tit">`
109	`<span class="span1"><a href="javascript:;">别样官堰</a></span> `
110	`</div>`
111	`<div class="show a1000">`
112	`<div id="my-slider" class="crs-wrap">`
113	`<div class="crs-screen">`
114	`<div class="crs-screen-roll">`
115	`<div class="crs-screen-item" style="background-image: url('../images/生态/主页面/独白2.jpg')">`
116	`<div class="crs-screen-item-content"></div>`
117	`</div>`
118	`<div class="crs-screen-item" style="background-image: url('../images/生态/主页面/独白3.jpg')">`
119	`<div class="crs-screen-item-content"></div>`
120	`</div>`
121	`<div class="crs-screen-item" style="background-image: url('../images/生态/主页面/独白4.jpg')">`
122	`<div class="crs-screen-item-content"></div>`
123	`</div>`
124	`<div class="crs-screen-item" style="background-image: url('../images/生态/主页面/独白5.jpg')">`
125	`<div class="crs-screen-item-content"></div>`
126	`</div>`
127	`<div class="crs-screen-item" style="background-image: url('../images/生态/主页面/独白6.jpg')">`
128	`<div class="crs-screen-item-content"></div>`
129	`</div>`
130	`<div class="crs-screen-item" style="background-image: url('../images/生态/主页面/独白7.jpg')">`
131	`<div class="crs-screen-item-content"></div>`
132	`</div>`
133	`</div>`
134	`</div>`
135	`<div class="crs-bar">`
136	`<div class="crs-bar-roll-current"></div>`
137	`<div class="crs-bar-roll-wrap">`
138	`<div class="crs-bar-roll">`
139	`<div class="crs-bar-roll-item" style="background-image: url('../images/生态/主页面/独白2.jpg')"></div>`
140	`<div class="crs-bar-roll-item" style="background-image: url('../images/生态/主页面/独白3.jpg')"></div>`
141	`<div class="crs-bar-roll-item" style="background-image: url('../images/生态/主页面/独白4.jpg')"></div>`
142	`<div class="crs-bar-roll-item" style="background-image: url('../images/生态/主页面/独白5.jpg')"></div>`
143	`<div class="crs-bar-roll-item" style="background-image: url('../images/生态/主页面/独白6.jpg')"></div>`
144	`<div class="crs-bar-roll-item" style="background-image: url('../images/生态/主页面/独白7.jpg')"></div>`

145	</div>
146	</div>
147	</div>
148	</div>

步骤1-5：编写独白模块代码。

149	<!-- 我的独白部分 -->
150	<div class="top_tit">
151	<span class="span1"><a href="#">我的独白</a></span>
152	</div>
153	<div class="show_img"><img src="../images/生态/主页面/独白1.jpg" alt=""></div>
154	<div class="intro">
155	<div class="text">
156	我是来自陕西省西安市长安区滦镇官堰村的学生，我的家乡——官堰村坐落在沣河边。以前，村子周围都是一片庄稼地，村子旁边有两所大学，路是土路，路两旁都是杂草，偶尔会有兔子和蛇。现在，村子旁边开发了许多标志性建筑，大家都不再种地了，路也修好了，房子也都建成平房了，周围通了公交车，村口还有一个公交车总站，大家出行都很方便，村子在向小康生活奔进。这就是生我养我的地方，我爱我的家乡！
157	</div>
158	</div>
159	</div>

步骤1-6：编写"返回顶部"模块及页面底部部分代码，184~185行引入jQuery库文件和插件文件，188行调用插件轮播图方法。

160	<!-- 返回顶部按钮 -->
161	<button id="myBtn">返回顶部</button>
162	<!-- 页面底部 -->
163	<div class="footer_bg">
164	<div class="container">
165	<div class="row_footer">
166	<div class="copy text-center">
167	<img>
168	<p>
169	<span>
170	欢迎您来到官堰村
171	官堰村地址：陕西省西安市长安区西滦路S107（关中环线）
172	咨询电话：029-××××0128
173	手机号码：158××××9875
174	版权所有©××××陕ICP备0600××××号
175	</span>
176	</p>
177	</div>
178	</div>
179	</div>
180	</div>
181	</div>
182	</body>
183	<script src="../js/public.js"></script>
184	<script src="../js/jquery-1.11.0.min.js" type="text/javascript" charset="utf-8"></script>
185	<script src="../js/camroll_slider.min.js" type="text/javascript" charset="utf-8"></script>
186	<script type="text/javascript">
187	// 调用轮播图方法
188	$("#my-slider").camRollSlider();
189	</script>
190	</html>

ecological.html 文件编写完毕。

ecological_son.html

步骤 1-7：在 HTML 文件下新建 ecological_son.html 文件，引入公有样式（init.css、public.css、son_public.css）。

```html
1   <!DOCTYPE html>
2   <html lang="en">
3   <head>
4     <meta charset="UTF-8">
5     <meta name="viewport" content="width=device-width, initial-scale=1.0">
6     <title>生态展示</title>
7     <link rel="stylesheet" href="../css/init.css">
8     <link rel="stylesheet" href="../css/public.css">
9     <link rel="stylesheet" href="../css/son_public.css">
10  </head>
11
12  <body>
13    <!-- 图片 -->
14    <div class="img">
15      <img src="../images/生态/子页面2/图片.jpg" alt="">
16    </div>
17    <!-- 介绍 -->
18    <div class="intro">
19
20    </div>
21    <div class="news">
22      <h1>官堰：略看秦岭大好河山</h1>
23      <!-- 新闻头部 -->
24      <div class="news_header">
25        <a href="#">西安市长安区官堰村村委会 时间：2021-05-26 14:48:11</a>
26        历史典故 | 来源：
27      </div>
28      <!-- 新闻主题 -->
29      <div class="news_body">
30        <p style="text-indent: 2em;">
31          秦岭是我国大陆中部的一条东西向巨大山脉，西起青海、甘肃两省交界处，经甘肃、陕西南部到河南省，东西长约1500 km、宽200～400 km，海拔l000～3000 m，秦岭的主体部分在陕西省。秦岭是我国南北生态环境的天然分界线，这一巨大的山地生态系统还是我国中部重要的水源地和生态安全屏障。春天沣河的水很清澈，一眼就能看见水下五彩的石头和石底下游动的小鱼小虾，苔藓漂浮在水面上，被流动的河水冲击着……河边的各种花都开了，炫耀起了自己的色彩，争奇斗艳，不甘示弱。
32        </p>
33        <p style="text-indent: 2em;">
34          官堰村的夏天，炽热的太阳照耀着大地，蝉不停地叫着，企图和太阳讨价还价。而一旁的秦岭深处却丝毫没有火辣辣的阳光，高大的树木用他们的叶子为秦岭挡去了骄阳。它们没有悲伤，反而在悄悄举办一场盛会……
35          秋是成熟的季节，官堰村的葡萄、五味子、水稻、野果子等也都成熟了。葡萄泛着紫红，五味子沉甸甸地挂在枝头、玉米露出金镶的大牙，苹果挂在枝头上，红透了双颊，桂花也在这个季节飘着香……它们都为秋天增添了几分色彩。
36          到了冬季，雪白的山，雪白的树，雪白的房屋。放眼望去，全都是白茫茫的一片，大自然给村里、山和树都盖上了一层厚厚的一层棉被，害怕它们着凉。一切都是那么寂静，一切都是那么美好。
37        </p>
```

```
38          <div class="edit_cf">（责编：刘帆凯、郭柏良）</div>
39        </div>
40      </div>
41      <p>
42      </p>
43      <!-- 页面底部 -->
44      <div class="footer_bg">
45        <div class="container">
46          <div class="row  footer">
47            <div class="copy text-center">
48              <img>
49              <p>
50                <span>
51                    欢迎您来到官堰村<br>
52                    官堰村地址：陕西省西安市长安区西滦路S107（关中环线）<br>
53                    咨询电话：029-××××0128<br>
54                    手机号码：158××××9875<br>
55                    版权所有©××××陕ICP备0600××××号
56                </span>
57              </p>
58            </div>
59          </div>
60        </div>
61      </div>
62    </body>
63
64  </html>
```

小郭终于完成HTML部分代码了，"生态振兴"模块样式还需要调整，但"生态展示"页面已经完成，如图2-2-19和图2-2-20所示。小郭对于页面样式如何编写，陷入了思考。

图2-2-19　"生态振兴"模块效果

图 2-2-20 "生态展示"模块效果

老师告诉小郭：知识是珍贵的宝石结晶，要持续努力，一步步向前迈进，你终将会超越自我，迎来崭新的自我。在老师的鼓励下，小郭继续完成后续的开发任务。

步骤 2：编写 CSS 代码，美化页面，确保插件样式完善。

ecological.css

步骤 2-1：打开 ecological.css 文件，进行如下代码编写，首先编写生态样式代码，再编写"山、水、人"模块容器样式。

```
1    /* 生态样式 */
2    .content-maizi {
3        display: flex;
4    }
5    /* "多点生态"样式 */
6    .content-maizi .box {
7      /* position: relative;
8        display: 1;
9        width: auto;
10       height: 300px; */
11       width: 400px;
12       height: 300px;
13
14   }
15
16   .content-maizi .box .box_son{
17       width: 60px;
18       margin: 0;
19       display: inline-block;
20       float: left;
21       cursor: pointer;
22   }
```

步骤2-2：编写"山、水、人"模块中文字样式。

```
23      /* "山、水、人"文字样式 */
24      .content-maizi .box .title {
25          background-color: rgb(1, 77, 1);
26          /* font-size: 18px;
27          line-height: 250px; */
28          width: 60px;
29          height: 100%;
30          color: #f8f8f8;
31          font-size: 20px;
32          text-align: center;
33          line-height: 300px;
34          margin: 0;
35      }
```

步骤2-3：编写"山、水、人"模块中图片样式。

```
36      /* 图片样式 */
37      .content-maizi .box .img {
38          width: 320px;
39          height: 300px;
40          float: left;
41          cursor: pointer;
42      }
43
44      .content-maizi .box .title:hover, .content-maizi .box .img:hover{
45          opacity: 0.75;
46      }
47      .content-maizi .box .img img {
48          width: 100%;
49          height: 100%;
50
51      }
52
```

步骤2-4：编写"山、水、人"模块查看更多按钮位置，编写下方标语图片样式代码。

```
53      /* "山、水、人"查看更多按钮位置 */
54      #e_show{
55          padding-left: 75%;
56          padding-top: 15px;
57      }
58
59
60      /* 标语 */
61      .sign_img {
62          height: 120px;
63          margin-top: 30px;
64      }
65
66      .sign_img img {
67          width: 100%;
68          height: 100%;
69      }
70
```

```
71      /* "我的独白"样式 */
72      .show {
73        overflow: hidden;
74      }
75
76      .show.show_img {
77        height: 300px;
78        float: left;
79        margin-right: 20px;
80        margin-bottom: 20px;
81        width: 50%;
82      }
83
84      .show.show_img img {
85        width: 100%;
86        height: 100%;
87      }
```

步骤 2-5：编写独白模块容器样式和独白模块文字样式。

```
88      /* 独白内容容器样式 */
89      .show.intro {
90        display: inline-block;
91        width: 48%;
92        height: 300px;
93      }
94      /* 独白文字样式 */
95      .show.intro.text {
96        height: 300px;
97        padding: 5px;
98        font-size: 18px;
99        line-height: 38px;
100       text-indent: 2em;
101       border: 1px solid black;
102       box-shadow:10px 10px 5px #888888;
103       border-radius: 5px;
104       cursor: pointer;
105     }
106
107
```

ecological.css 文件编写结束。

camroll_slider.css

步骤 2-6：打开 camroll_slider.css 文件，编写轮播图容器样式。

```
1       /* 轮播图容器样式 */
2       .crs-wrap {
3         position: relative;
4         /* 设置元素的宽高均在已设置的盒子宽高内绘制 */
5         box-sizing: border-box;
6       }
7       .crs-wrap * {
8         box-sizing: border-box;
9       }
```

```
10      /* 每一张轮播大图的样式 */
11      .crs-screen {
12        width: 100%;
13        height: 100%;
14        position: relative;
15        overflow: hidden;
16        cursor: pointer;
17      }
```

步骤2-7：编写录播图底部滚动栏容器样式和每一张轮播大图的样式。

```
18      /* 底部滚动栏容器样式（6张小图总宽度） */
19      .crs-screen-roll {
20        position: absolute;
21        left: 0;
22        top: 0;
23        height: 100%;
24        display: flex;
25        flex-wrap: wrap;
26        transition: left 0.5s;
27      }
28      /* 每一张轮播大图的样式 */
29      .crs-screen-item {
30        width: 100%;
31        height: 100%;
32        background-position: center;
33        background-size: cover;
34      }
35      /* 底部滚动栏外容器样式 */
36      .crs-bar {
37        width: 100%;
38        height: 50px;
39        position: absolute;
40        bottom: 0;
41        left: 0;
42        padding: 10px;
43      }
```

步骤2-8：编写轮播图中小图的样式。

```
44      /* 当前小图的样式 */
45      .crs-bar-roll-current {
46        width: 68px;
47        height: 38px;
48        border-radius: 12px;
49        border: 2px solid white;
50        position: absolute;
51        z-index: 1;
52        left: 0;
53        right: 0;
54        margin: auto;
55        top: 5px;
56      }
57      .crs-bar-roll-wrap {
```

```
58        height: 30px;
59        overflow: hidden;
60        border-radius: 8px;
61        position: relative;
62    }
```

步骤2-9：编写轮播图底部滚动栏内容器样式，设置底部滚动图数量较多时灵活拆行，编写轮播小图的样式。

```
63    /* 底部滚动栏内容器样式 */
64    .crs-bar-roll {
65        height: 30px;
66        display: inline-flex;
67        /* 当底部滚动图数量较多时灵活拆行 */
68        flex-wrap: wrap;
69        position: absolute;
70        left: 0;
71        /* 0.2s内完成动画运行 */
72        transition: left 0.2s;
73    }
74    /* 每一张轮播小图的样式 */
75    .crs-bar-roll-item {
76        width: 60px;
77        height: 30px;
78        border-radius: 8px;
79        background-color: #fff;
80        background-size: cover;
81        background-position: center;
82        opacity: 0.85;
83        cursor: pointer;
84    }
85    /*每一张小图添加右外边距（除了最后一张小图） */
86    .crs-bar-roll-item:not(:last-child) {
87        margin-right: 10px;
88    }
```

步骤2-10：编写轮播图总容器样式，接着完成响应式代码编写。

```
89    /* 总容器样式 */
90    #my-slider {
91        width: 100%;
92        height: 404px;
93        color: white;
94        margin: 20px auto;
95    }
96    /* 响应式代码，当用户屏幕小于640px时添加样式 */
97    @media (max-width: 640px) {
98        #my-slider .crs-bar-roll-current {
99            width: 38px;
100           height: 38px;
101       }
102
103       #my-slider .crs-bar-roll-item {
```

```
104        width: 30px;
105        height: 30px;
106      }
107    }
```

至此，CSS 样式的效果已经完成了，如图 2-2-21 所示。小郭看着"生态振兴"的页面效果长舒一口气。

图 2-2-21 "生态振兴"效果完善图

大家跟随小郭单击轮播图效果，看效果如何。可是，单击"多点生态"模块的"查看更多"按钮，发现无法调整新页面。随即，小郭进行 JS 代码的编写。

步骤 3：编写 JS 脚本，实现跳转功能。

public.js

在 public.js 文件代码末尾处添加如下代码，获取"查看更多"按钮并绑定单击事件，通过 window.open() 的方式打开"生态展示"页面。

```
1    // 获取查看更多按钮（生态振兴）
2    var e_show = document.getElementById('e_show');
3    // 单击跳转惊驾村介绍子页面
4    if(e_show!==null){
5      e_show.onclick = function(){
6        window.open('../html/ecological_son.html');
7      }
8    }
```

到此，小郭已经完成"生态振兴"功能模块的开发任务，同学们是否能跟上节奏呢？

任务评价

任务要求：提交生态振兴代码包。

考核方式：学生互评，教师点评。

评价标准：任务评价表，见表 2-2-13。

表 2-2-13　任务评价表

任务名称："官堰村振兴网"生态振兴页面制作	任务承接人： 交付日期：		
项目要求	评价标准		成绩
HTML 结构完整（30 分）	1．布局合理，引入文件无误（10 分） 2．页面布局无明显错乱（20 分）		
CSS 样式代码部分（40 分）	1．CSS 选择器语法正确（15 分） 2．CSS 阴影样式完成（15 分） 3．CSS 代码有新尝试（10 分）		
JS 功能完善（30 分）	1．轮播图插件使用成功（10 分） 2．跳转页面功能实现（20 分）		
	总分		
评价人	评价级别（√）		备注
个人	□优秀　□良好　□合格　□不合格		
老师	□优秀　□良好　□合格　□不合格		

拓展训练

1．transform 动画类型不包括（　　）。

　　A．旋转　　　　B．倾斜　　　　C．缩放　　　　D．滚动

2．（多选）transition 过渡动画的可选属性包括（　　）。

　　A．property　　B．duration　　C．timing-function　　D．type

3．（多选）animation 动画的可选属性不包括（　　）。

　　A．property　　B．delay　　　C．timing-function　　D．type

单元三　数据交互阶段

任务 7　"官堰村振兴网"交互功能

任务导入

此时小组成员已经完成"官堰村振兴网"的所有前端功能模块任务开发，小组成员陷入喜悦之中。就在这时，老师提醒道："既然是网站，为什么不做一个登录页面呢？"对于这样的问题，小组成员并不慌乱，自然知道下一步该完成什么任务。

此时，项目组新成员康康首当其冲，自信满满地说道："就交给我吧！"于是，本章任务就由康康完成。

学习目标

- 掌握 form 简单请求。
- 掌握修改数据的 SQL 语句。
- 学会运用 $_REQUEST 获取前台数据。
- 熟练掌握 Ajax 请求编写。
- 掌握 PHP 后台业务逻辑编写。

任务描述

对于任何一个 Web 前端项目，前后端交互功能都是必不可少的，该功能的实现也是本章中难度较大的一部分。

"官堰村振兴网"的前后端交互功能分为"账号注册页面""登录页面""修改密码页面"三个部分，但三者有异曲同工之妙。话不多说，我们跟随康康同学完成开发任务吧！

前导知识

我们跟随康康，先来学习必要的专业知识吧！

一、SQL 语句

本书任务 7 已经详细介绍了 Ajax 交互技术、PHP 基础和 mysqli 库常用函数，这里不再赘述。

"官堰村振兴网"新增"忘记密码"功能，也就是需要完成修改密码的功能。这就需要用到 MySQL 数据库的数据更新 SQL 语句了。以修改用户密码为例，SQL 语句如下所示：

```
update user_msg set password = '123' where username = 'Tom'
```

后台接收数据

这句 SQL 语句的作用是将用户名 Tom 的密码字段值修改为 123。

我们在 PHP 开发中，将 TOM 和 123 均用变量 $username 和 $password 替换，代码如下所示：

$sql_update = "update user_msg set password = '$password' where username = '$username'";

掌握修改密码的 SQL 语句，是实现"官堰村振兴网"修改密码功能模块的必要前提。

二、$_REQUEST

在后端业务逻辑中，前端发送来的数据将存储在 $_REQUEST 数组中，我们通过 $_REQUEST['name 名'] 获取相应的数据。

例如，我们获取前端用户名的代码如下：

$username = $_REQUEST['username'];

那么 $_REQUEST 是什么呢？简单来说，$_REQUEST 就是用来收集 HTML 表单提交到后端的数据，它本质上是一个数组。

这里通过简单代码示例实现 $_REQUEST 数据接收作用。

首先，在 HTML 标签中定义一个 form 表单，其中 method 取值为 post，表示 post 请求，action 取值 "..php/test.php"，表示该请求由 test.php 负责处理，代码示例如下：

```
<!doctype html>
<html>
<head>
<meta charset="utf-8">
</head>
<body>

<form action="..php/test.php" method="post">
  name1: <input type="text" name="name1" /><br />
  name2: <input type="text" name="name2" /><br />
<input type="submit" value="Submit" />
</form>


</body>
</html>
```

紧接着，我们在 PHP 目录下新建 test.php 文件，在该文件内编写如下代码：

```
<?php
    echo '我们接收到了前端的数据！'
  $a=$_REQUEST["name1"];
        $b=$_REQUEST["name2"];
    echo $fn.$ln;
```

这样，我们就完成了一次前端发送请求——后端接收数据并输出的过程。其中，$_REQUEST 发挥着不可替代的作用。

完成了知识的补充，让我们跟随康康同学完成后续的开发任务吧！

任务准备

知识与技能目标

在本次任务中，需要掌握以下知识与技能：
（1）运用 HTML 构造网页框架，编写网页。

【知识提醒】
$_GET、$_POST 也可以同样接收到前端发送来的数据。

【想一想】
Ajax 请求与 <form> 表单提交请求有哪些不同之处？

任务准备工作

（2）运用 CSS 技术实现网页布局，完善模块功能编写。

（3）实现 JavaScript 轮播图功能。

任务思考

在本次任务中，需要掌握以下知识与技能：

（1）注册、登录、修改密码 3 个功能模块 HTML+CSS 布局，并完成 CSS 美化。

（2）JavaScript 事件实现验证功能。

（3）Ajax 异步交互技术。

（4）后端接收数据并操作 MySQL 数据库。

任务分解

康康同学开始思考完成首页的必备条件，确定了以下准备工作：

（1）编写 HTML 代码，实现注册、登录、修改密码的功能。

（2）编写统一风格 CSS 代码，美化网页。

（3）编写 JS 脚本，实现表单验证功能和 Ajax 请求代码，编写 PHP 脚本完成后端业务逻辑处理，最终返回数据到前端。

任务实施

要点讲解

步骤 1：编写 HTML 代码，实现注册、登录、修改密码的功能。

login.html

准备工作：下载本书配套资源，在 JS 文件中复制 jquery-1.11.2.min.js、jQuery.md5.js、jquery-form.js 3 个文件放置本项目 JS 目录中。

步骤 1-1：在 HTML 文件下新建 login.html 文件，在 CSS 文件下新建 base.css 文件与 reg.css 文件并完成文件引入。编写外部总容器和表单容器代码。

```
1    <!DOCTYPE html>
2    <html lang="zh-CN">
3    <head>
4      <meta charset="UTF-8">
5      <title>用户登录</title>
6      <meta http-equiv="content-type" content="text/html; charset=utf-8" />
7      <link rel="stylesheet" href="../css/base.css">
8      <link rel="stylesheet" href="../css/reg.css">
9    </head>
10   <body>
11     <!-- 外部总容器 -->
12   <div class="wrap">
13     <div class="wpn">
14       <!-- 表单容器 -->
15       <div class="form-data pos">
16         <a href=""><img src="../images/logo.png" class="head-logo"></a>
17         <div class="change-login">
18           <p class="account_number on">账号登录</p>
19         </div>
```

步骤 1-2：编写登录表单 HTML 代码部分。

```
20       <!-- 登录表单 -->
21       <form id="login" onsubmit="return form_check();">
```

```
22          <p class="p-input pos">
23            <label for="uname"></label>
24            <input type="text" id="uname" name="username" autocomplete="off" placeholder="请输
              入用户名" onblur="username_check()">
25            <span class="tel-warn tel-err hide"><em></em><i class="icon-warn"></i></span>
26          </p>
27          <p class="p-input pos" id="pwd">
28            <label for="passport"></label>
29            <input type="password" name="lhpwd" id="pass" style="display: none"/>
30            <input type="password" maxlength="8" id="passport" placeholder="输入密码" onblur=
              "pass_check()">
31            <span class="tel-warn pwd-err hide"><em></em><i class="icon-warn" style="margin-
              left: 5px"></i></span>
32          </p>
33          <button type="submit" class="lang-btn off" id="sub" disabled="disabled">
34            <p id="sub_p" style="color: white;">登录</p>
35          </button>
36        </form>
```

步骤 1-3：编写表单底部 HTML 代码部分。在 JS 目录下分别创建 form_check.js 和 Ajax.js 文件，46~50 行代码依次引入 form_check.js、jquery-1.11.2.min.js、jQuery.md5.js、jquery-form.js、Ajax.js 文件。后文 getpass.html 文件和 reg.html 同样依次引入这 5 个 JS 文件，不再赘述。

```
37        <!-- 表单底部部分 -->
38        <div class="r-forget cl">
39          <a href="./reg.html" class="z">账号注册</a>
40          <a href="./getpass.html" class="y">忘记密码</a>
41        </div>
42        <p class="right">Powered by © 2021</p>
43      </div>
44    </div>
45  </div>
46  <script src="../js/form_check.js" type="text/javascript" charset="utf-8"></script>
47  <script src="../js/jquery-1.11.2.min.js" type="text/javascript" charset="utf-8"></script>
48  <script src="../js/jQuery.md5.js" type="text/javascript" charset="utf-8"></script>
49  <script src="../js/jquery-form.js" type="text/javascript" charset="utf-8"></script>
50  <script src="../js/Ajax.js" type="text/javascript" charset="utf-8"></script>
51  </body>
52  </html>
```

login.html 文件编写完成。

reg.html

步骤 1-4：在 HTML 文件下新建 reg.html 文件，引入已经创建好的 base.css 文件和 reg.css 文件。编写外部总容器和表单容器 HTML 代码部分。

```
1  <!DOCTYPE html>
2  <html lang="zh-CN">
3  <head>
4    <meta charset="UTF-8">
5    <title>用户注册</title>
6    <meta http-equiv="content-type" content="text/html; charset=utf-8" />
7    <link rel="stylesheet" href="../css/base.css">
8    <link rel="stylesheet" href="../css/reg.css">
```

```
9       </head>
10      <body>
11          <!-- 外部总容器 -->
12          <div class="wrap">
13              <div class="wpn">
14                  <!-- 表单容器 -->
15                  <div class="form-data pos">
16                      <a href=""><img src="../images/logo.png" class="head-logo"></a>
```

步骤1-5：编写注册表单 HTML 代码部分。

```
17                      <!-- 注册表单 -->
18                      <form id="reg" onsubmit="return form_check();">
19                          <p class="p-input pos">
20                              <label for="uname"></label>
21                              <input type="text" id="uname" name="user" autocomplete="off" onblur="username_check()" placeholder="用户名（以字母开头，可包含下划线，共6～8位）">
22                              <span class="tel-warn tel-err hide"><em></em><i class="icon-warn"></i></span>
23                          </p>
24                          <p class="p-input pos" id="pwd">
25                              <label for="passport"></label>
26                              <input type="password" name="hpwd" id="pass" style="display: none"/>
27                              <input type="password" maxlength="8" id="passport" onblur="pass_check()" placeholder="输入密码（除符号外任意字符6～8位）">
28                              <span class="tel-warn pwd-err hide"><em></em><i class="icon-warn" style="margin-left: 5px"></i></span>
29                          </p>
30                          <p class="p-input pos" id="confirmpwd">
31                              <label for="passport2"></label>
32                              <input type="password" style="position:absolute;top:-998px"/>
33                              <input type="password" maxlength="8" id="passport2" onblur="repass_check()" placeholder="确认密码">
34                              <span class="tel-warn confirmpwd-err hide"><em></em><i class="icon-warn" style="margin-left: 5px"></i></span>
35                          </p>
36                          <button type="submit" class="lang-btn off" id="sub" disabled="disabled">
37                              <p id="sub_p" style="color: white;">注册</p>
38                          </button>
39                      </form>
```

步骤1-6：编写表单底部 HTML 代码部分。

```
40                      <!-- 表单底部部分 -->
41                      <div class="bottom-info">已有账号，<a href="./login.html">马上登录</a></div>
42                      <p class="right">Powered by © 2021</p>
43                  </div>
44              </div>
45          </div>
46          <script src="../js/form_check.js" type="text/javascript" charset="utf-8"></script>
47          <script src="../js/jquery-1.11.2.min.js" type="text/javascript" charset="utf-8"></script>
48          <script src="../js/jQuery.md5.js" type="text/javascript" charset="utf-8"></script>
49          <script src="../js/jquery-form.js" type="text/javascript" charset="utf-8"></script>
50          <script src="../js/Ajax.js" type="text/javascript" charset="utf-8"></script>
51      </body>
52  </html>
```

reg.html 文件编写完成。

getpass.html

步骤 1-7：在 HTML 文件下新建 getpass.html 文件，引入已经创建好的 base.css 文件和 reg.css 文件。编写外部总容器和表单容器。

```
1   <!DOCTYPE html>
2   <html lang="zh-CN">
3   <head>
4     <meta charset="UTF-8">
5     <title>找回密码</title>
6     <meta http-equiv="content-type" content="text/html; charset=utf-8" />
7     <link rel="stylesheet" href="../css/base.css">
8     <link rel="stylesheet" href="../css/reg.css">
9   </head>
10  <body>
11  <div class="wrap">
12    <!-- 外部总容器 -->
13    <div class="wpn">
14      <!-- 表单容器 -->
15      <div class="form-data find_password">
```

步骤 1-8：编写修改密码表单 HTML 代码部分。

```
16        <h4>找回密码</h4>
17        <p class="right_now">已有账号，<a href="./login.html">马上登录</a></p>
18        <!-- 修改密码表单 -->
19        <form id="update" onsubmit="return form_check();">
20          <p class="p-input pos">
21            <label for="uname"></label>
22            <input type="text" id="uname" name="username" autocomplete="off" placeholder="请输入用户名" onblur="username_check()">
23            <span class="tel-warn tel-err hide"><em></em><i class="icon-warn"></i></span>
24          </p>
25          <p class="p-input pos" id="pwd">
26            <label for="passport"></label>
27            <input type="password" id="pass" name="hpwd" style="display: none"/>
28            <input type="password" maxlength="8" id="passport" placeholder="输入新密码（除符号外任意字符6～8位）" onblur="pass_check()">
29            <span class="tel-warn pwd-err hide"><em></em><i class="icon-warn" style="margin-left: 5px"></i></span>
30          </p>
31          <p class="p-input pos" id="confirmpwd">
32            <label for="passport2"></label>
33            <input type="password" style="position:absolute;top:-998px"/>
34            <input type="password" maxlength="8" id="passport2" placeholder="确认新密码" onblur="repass_check()">
35            <span class="tel-warn confirmpwd-err hide"><em></em><i class="icon-warn" style="margin-left: 5px"></i></span>
36          </p>
37          <button type="submit" class="lang-btn next off" id="sub" disabled="disabled">
38            <p id="sub_p" style="color: white;">确定</p>
39          </button>
40        </form>
```

步骤 1-9：编写表单底部 HTML 代码部分。

```
41          <!-- 表单底部部分 -->
42          <p class="right">Powered by © 2021</p>
43        </div>
44      </div>
45    </div>
46    <script src="../js/form_check.js" type="text/javascript" charset="utf-8"></script>
47    <script src="../js/jquery-1.11.2.min.js" type="text/javascript" charset="utf-8"></script>
48    <script src="../js/jQuery.md5.js" type="text/javascript" charset="utf-8"></script>
49    <script src="../js/jquery-form.js" type="text/javascript" charset="utf-8"></script>
50    <script src="../js/Ajax.js" type="text/javascript" charset="utf-8"></script>
51  </body>
52  </html>
```

现在，首页的 HTML 框架已经搭建完成了，如图 2-3-1 至图 2-3-3 所示。别看现在的布局不怎么样，但已经非常好了，之所以会呈现这样的效果，是因为还没有进行 CSS 样式的美化。

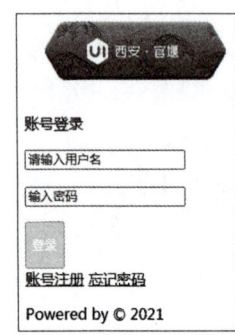

图 2-3-1　"登录"HTML 效果

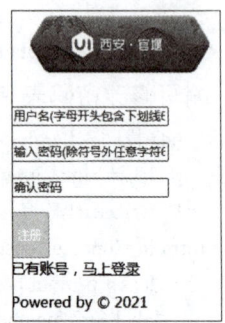

图 2-3-2　"注册"HTML 效果

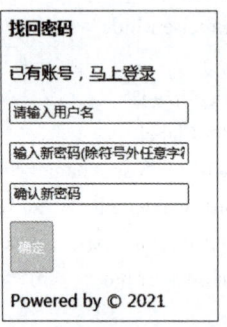

图 2-3-3　"修改密码"HTML 效果

初学的同学已经开始思考后面的效果该如何编写。老师告诉你：人不光是靠出生就拥有一切，而是靠学习来造就自己，只要一直前行，终将获得成功。

步骤 2：编写统一风格 CSS 代码，美化网页。

base.css

步骤 2-1：打开 base.css 文件，进行如下代码编写。首先，编写常用标签基础样式和字体样式代码。

```
1   /* 常用标签基础样式代码 */
2   html,body,div,ol,ul,li,dl,dt,dd,h1,h2,h3,h4,h5,h6,input,button,textarea,p,span,table,th,td,form{margin:0;padding:0}
3   body,input,button,select,textarea{font:12px/1.5 "Microsoft Yahei","Helvetica Neue";color:#34495e;
```

```
4        /* 字体抗锯齿（光滑字体），兼容谷歌、火狐浏览器 */
5        -webkit-font-smoothing: antialiased;
6        -moz-osx-font-smoothing: grayscale;
7        }
8     a{color:#369;outline:medium none;text-decoration:none;}
9     a:hover{text-decoration:none}
10    label{cursor:pointer}
11    ul li,.ol li{list-style:none}
12    em,cite,i{font-style:normal}
13    p{word-wrap: break-word; word-break: break-all;}
14
```

步骤 2-2：编写容器定位和按钮等样式代码。

```
15    /* 容器定位 */
16    .pos { position: relative; }
17    /* 按钮样式 */
18    .lang-btn {
19        display: inline-block;
20        position: relative;
21        /* 居中垂直对齐 */
22        vertical-align: middle;
23        cursor: pointer;
24        /* 文本不换行 */
25        white-space: nowrap;
26        background-color: #3499DA;
27        height: 40px;
28        line-height: 40px;
29        font-size: 16px;
30        color: #FFF;
31        border: none;
32        /* 设置文字之间间距为1px */
33        letter-spacing: 1px;
34        overflow: hidden;
35        text-align: center;
36        border-radius:2px;
37    }
38
39
```

base.css 文件编写结束。

reg.css

步骤 2-3：打开 reg.css 文件，编写页面背景色、总容器样式、表单容器、错误提示容器样式、误提示消息的样式代码。

```
1     /* 页面背景色设置 */
2     body{
3         background-color: #3895e8;
4     }
5     /* 总容器样式设置 */
6     .wrap{
7         box-sizing: border-box;
8         height: 100vh;
9         background: url(../images/bj.jpg) no-repeat center;
```

```css
10      /* background-size: auto 100vh; */
11      background-size: cover;
12      position: relative;
13  }
14  /* 表单容器样式 */
15  .form-data{
16      background-color: #ffffff;
17      width: 460px;
18      left: 50%;
19      margin-left: -230px;
20      border-radius: 5px;
21      box-shadow: 0 0 30px rgba(0,0,0,0.1);
22      padding: 65px 0 30px 0;
23      position: fixed;
24      top: 15%;
25  }
26  /* 错误提示容器样式设置 */
27  .form-data .tel-warn{
28      position: absolute;
29      color: #ea5d5f;
30      font-size: 12px;
31      right: 0;
32      top: 22px;
33  }
34  /* 错误提示消息的样式设置 */
35  .form-data .tel-warn i{
36      display: inline-block;
37      vertical-align: middle;
38      color: #ea5d5f;
39      font-size: 16px;
40      margin-top: -3px;
41      margin-left: 5px;
42  }
```

步骤2-4：编写控件容器、背景字、控件框样式代码。

```css
43      /* 每个输入控件（如用户名、密码）容器样式设置 */
44      .form-data .p-input,.find_password .p-input{
45          padding: 5px 0;
46          height: 44px;
47          box-sizing: border-box;
48          border-bottom: 1px solid #e5e5e5;
49          width: 340px;
50          margin: 0 auto 16px;
51          line-height: 14px;
52          display: block;
53      }
54
55      /* placeholder背景字样式（谷歌/火狐/IE浏览器）*/
56      #uname::-webkit-input-placeholder,
57      #passport::-webkit-input-placeholder,
58      #passport2::-webkit-input-placeholder{
59          font-size: 14px;
60          color: #cacaca;
```

```
61      }
62
63      #uname::-moz-placeholder,
64      #passport::-moz-placeholder,
65      #passport2::-moz-placeholder{
66          font-size: 14px;
67          color: #cacaca;
68      }
69
70      #uname::-ms-input-placeholder,
71      #passport::-ms-input-placeholder,
72      #passport2::-ms-input-placeholder{
73          font-size: 14px;
74          color: #cacaca;
75      }
76      /* 控件框样式设置 */
77      .form-data input,.find_password input{
78          outline: none;
79          border: none;
80          z-index: 5;
81          position: absolute;
82          top: 13px;
83          width: 340px;
84          background-color: transparent;
85          font-size: 20px;
86      }
```

步骤2-5：编写Logo样式、按钮样式的设置代码。

```
87      /* Logo样式设置 */
88      .form-data .head-logo{
89          position: absolute;
90          top: -47px;
91          left: 116px;
92      }
93      /* 按钮样式设置 */
94      .form-data .lang-btn{
95          width: 340px;
96          font-size: 18px;
97          font-weight: bold;
98          color: white;
99          height: 50px;
100         line-height: 50px;
101         text-align: center;
102         margin: 20px auto;
103         display: block;
104         border-radius: 5px;
105         cursor: pointer;
106         background-color: #42a5f5;
107     }
108     /* 按钮不可用状态样式 */
109     .form-data .lang-btn.off{
110         color: #a0a0a0;
111         background-color: #e5e5e5;
```

```
112    }
113    /* 底部文字修饰样式 */
114    .bottom-info{
115        width: 400px;
116        line-height: 18px;
117        font-size: 14px;
118        color: #cacaca;
119        margin: 0 auto 30px;
120        text-align: center;
121    }
122    .bottom-info a{
123        color: #42a5f5;
124    }
```

步骤2-6:编写"账号注册"忘记密码位置和"账号登录"样式设置的代码。

```
125    /* "账号注册"忘记密码位置 */
126    .form-data .r-forget{
127        width: 340px;
128        margin: 0 auto;
129    }
130    .y{
131        float: right;
132    }
133    .form-data .r-forget{
134        width: 340px;
135        margin: 0 auto;
136    }
137    .form-data .r-forget a{
138        font-size: 12px;
139        color: #8d8d8d;
140    }
141    .form-data .r-forget a:hover{
142        color: #3895e8;
143    }
144    /* "账号登录"样式设置 */
145    .form-data .change-login{
146        width: 400px;
147        margin: 0 auto 10px;
148        display: flex;
149        justify-content: space-around;
150        font-size: 14px;
151        color: #cacaca;
152    }
153    .form-data .change-login p{
154        cursor: pointer;
155    }
156    .form-data .change-login p.on{
157        color: #76b9f7;
158    }
```

步骤2-7:编写"找回密码"样式、"已有账号,马上登录"样式、"已有账号,马上登录"样式设置的代码。

```
159    /* "找回密码"样式设置 */
```

```
160      .find_password h4{
161         font-size: 18px;
162         color: #42a5f5;
163         text-align: center;
164         width: 400px;
165         margin: 0 auto;
166      }
167      /* "已有账号，马上登录"样式设置 */
168      .find_password .right_now{
169         width: 380px;
170         text-align: right;
171         margin: 20px auto 30px;
172         font-size: 12px;
173         color: #cacaca;
174      }
175
176      .find_password .right_now a{
177         color: #42a5f5;
178      }
179      /* "技术支持"样式设置 */
180      .wrap .right{
181         position: absolute;
182         width: 1180px;
183         bottom: -80px;
184         text-align: center;
185         line-height: 40px;
186         left: 50%;
187         margin-left: -590px;
188         color: rgba(0,0,0,.3);
189      }
```

康康已经完成 CSS 的样式编写任务了，网页的颜值提升了不少，效果如图 2-3-4 至图 2-3-6 所示。

图 2-3-4　登录模块效果

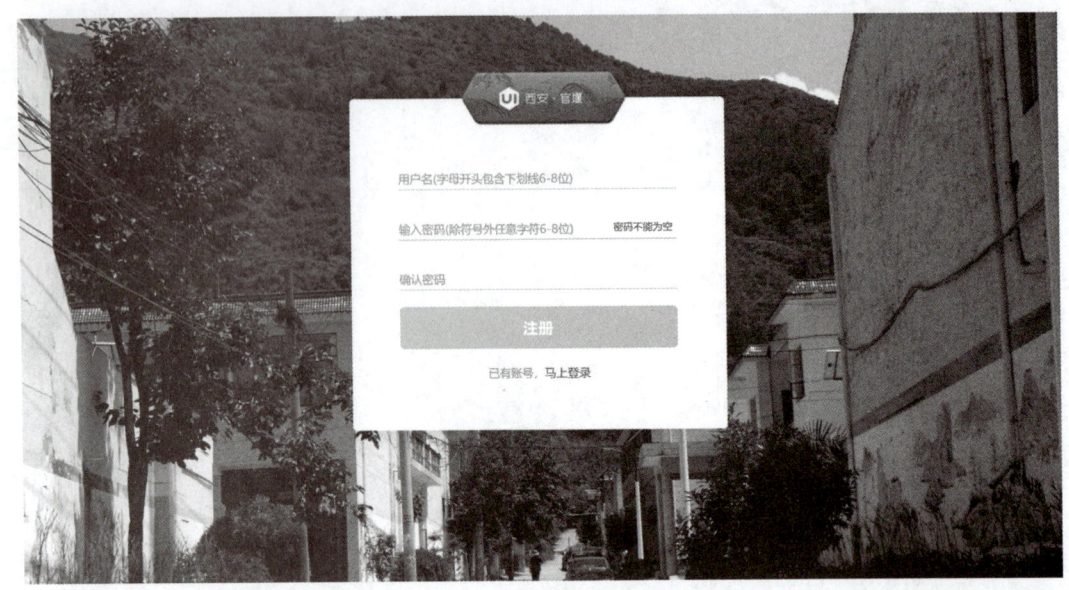

图 2-3-5　注册模块效果

图 2-3-6　修改密码模块效果

Web 前端页面开发好了，可是注册、登录、修改密码功能没有一个可以用，康康意识到需要交互脚本，于是随即投入到新的开发任务中。

步骤 3：编写 JS 脚本，实现表单验证功能和 Ajax 请求代码，编写 PHP 脚本完成后端业务逻辑处理，最终返回数据到前端。

form_check.js

步骤 3-1：编写 form_check.js 文件代码，依次完成用户名验证、密码验证、二次密码比对验证方法的编写。其中，show_message( ) 方法负责显示错误消息提示。

```
1    // 表单提交前验证全部字段是否满足要求，满足后下方按钮可单击
2    document.getElementsByTagName('body')[0].onclick = function(){
3        form_check();
4    }
5    // 用户名验证方法
```

```
6     function username_check(){
7         var uname = document.getElementById('uname');
8         var reg = /^[a-z][a-z0-9_]{5,7}$/i;
9         var user_key = false;
10        if(uname.value ==''){
11            show_message(uname,'用户名不能为空','errspan');
12        }else{
13            if(uname.value.length<6){
14                show_message(uname,'用户名长度不符合要求','errspan');
15            }else{
16                if(reg.test(uname.value)){
17                    show_message(uname,'','sucspan');
18                    // 只有验证通过时user_key为true
19                    user_key = true;
20                }else{
21                    show_message(uname,'用户名非法，验证失败','errspan');
22                }
23            }
24        }
25        return user_key;
26    }
27    // 密码验证方法
28    function pass_check(){
29        var reg = /^[a-z0-9][a-z0-9_]{5,7}$/i;
30        var upwd = document.getElementById('passport');
31        var pass_key = false;
32        if(upwd.value ==''){
33            show_message(upwd,'密码不能为空','errspan');
34        }else{
35            if(upwd.value.length<6){
36                show_message(upwd,'密码长度不符合要求','errspan');
37            }else{
38                if(reg.test(upwd.value)){
39                    show_message(upwd,'','sucspan');
40                    // 只有验证通过时pass_key为true
41                    pass_key = true;
42                }else{
43                    show_message(this,'密码格式非法，验证失败','errspan');
44                }
45            }
46        }
47        return pass_key;
48    }
49    // 二次输入密码比对方法
50    function repass_check(){
51        var re_key = false;
52        var password = document.getElementById("passport");
53        var repassword = document.getElementById("passport2");
54        if(password.value == repassword.value) {
55            show_message(password,'','sucspan');
56            show_message(repassword,'','sucspan');
```

```
57          // 比对成功后re_key为true
58          re_key = true;
59        }else {
60          show_message(password,'两次输入密码不一致!','errspan');
61          show_message(repassword,'两次输入密码不一致!','errspan');
62        }
63        return re_key;
64    }
65    // 表单所有数据提交前统一验证方法
66    function form_check(){
67      var sub = document.getElementById('sub');
68      if(document.getElementById('uname').value!==''){
69        // 按钮文本不为"登录"时，进行三项数据验证，反之进行两项数据验证
70        if(document.getElementById('sub_p').innerHTML!=="登录"){
71          // 三项数据（用户名+密码+确认密码）全部通过验证
72          if(username_check()&&pass_check()&&repass_check()){
73            // classList.remove()和sub.classList.add()为动态的添加或删除类名
74            sub.classList.remove('off');
75            sub.removeAttribute('disabled');
76          }else{
77            sub.classList.add('off');
78            sub.setAttribute('disabled','disabled');
79          }
80        }else{
81          // 两项数据（用户名+密码）全部通过验证
82          if(username_check()&&pass_check()){
83            sub.classList.remove('off');
84            sub.removeAttribute('disabled');
85          }else{
86            sub.classList.add('off');
87            sub.setAttribute('disabled','disabled');
88          }
89        }
90      }
91    }
92    // 验证失败时显示提示信息的方法
93    function show_message(obj,txt,status){
94      if(status == 'sucspan'){
95        obj.nextElementSibling.classList.add('hide');
96        obj.nextElementSibling.children[0].innerHTML = txt;
97      }else{
98        obj.nextElementSibling.classList.remove('hide');
99        obj.nextElementSibling.children[0].innerHTML = txt;
100     }
101   }
102
```

Ajax.js

步骤3-2：编写注册功能模块代码。

步骤3-2-1：创建Ajax.js文件，编写注册功能Ajax请求。

```
1    $(function(){
2      // 注册时的Ajax请求
```

```
3       // 单击注册按钮时，将密码进行MD5加密，赋给隐藏的input框
4       $('#reg').on('submit',function(){
5           $('#pass').val($.md5($('#passport').val()));
6       });
7       // 注册时发送Ajax请求
8       $('#reg').ajaxForm({
9           // 请求地址
10          url:"http://localhost/village/php/registUser.php",
11          // 数据提交方式
12          type:'post',
13          // 发送给后台的数据
14          data:$('#reg').serialize(),
15          // 期待后端返回的数据格式
16          dataType:'json',
17          // 请求成功时回调函数
18          success:function(data){
19              // 注册成功时
20              if(data['result']=='success'){
21                  alert('恭喜您：用户'+data['username']+'，注册成功！');
22                  // 刷新页面，进行登录
23                  // window.location.reload();
24                  window.location.href = 'http://localhost/village/html/login.html';
25                  // 用户名存在时，注册失败
26              }else if(data['result']=='username is exist'){
27                  alert('用户：'+data['username']+'已存在，请重新注册！');
28              }else{
29                  // 后端数据插入失败
30                  alert('未知原因，注册失败！');
31              }
32          },
33          // 请求失败时回调函数
34          error:function(err){
35              // alert('请求失败！');
36              console.log(err)
37          }
38      });
39
```

registUser.php

步骤 3-2-2：创建 registUser.php 文件，编写注册功能后台处理逻辑。

```
1   <?php
2   // 获取前端发送的数据：控件名分别为username、hpwd、qq的值
3   $username = $_REQUEST['user'];
4   $password = $_REQUEST['hpwd'];
5   // 连接MySQL数据库，输入MySQL主机名、用户名、密码
6   $link=mysqli_connect('localhost','root','123456')or die(json_encode(array('result'=>'database connect error')));
7   // 选择要操作的库
8   mysqli_select_db($link, 'my_database')or die(json_encode(array('result'=>'select database error')));
9   // MySQL查询语句，以从前端获取到的username为条件
10  $sql_select = "select username from user_msg where username = '$username'";
11  // 执行查询
```

```
12      $res = mysqli_query($link, $sql_select);
13      // 判断用户名是否存在
14      if (mysqli_fetch_assoc($res)!=null){
15          // 查询结果不为空，则表示用户名已存在
16          echo json_encode(array('result'=>'username is exist','username'=>$username));
17      }else{
18          // 查询结果为空，需要将新用户信息插入到数据库中
19          $sql_insert="insertinto user_msg(username,password)values('$username','$password')";
20          // 执行插入语句
21          mysqli_query($link, $sql_insert);
22          // 判断受影响的行数是否发生变化
23          if (mysqli_affected_rows($link)>0){
24              // 插入新用户信息成功，返回JSON数据
25              echo json_encode(array('result'=>'success','username'=>$username));
26          }else{
27              // 插入新用户信息成功，返回JSON数据
28              echo json_encode(array('result'=>'insert username error'));
29          }
30      }
31      // 关闭数据库连接
32      mysqli_close($link);
```

Ajax.js

步骤3-3：编写登录功能模块代码。

步骤3-3-1：在Ajax.js文件中编写登录功能Ajax请求。

```
40      // 登录时的Ajax请求
41      // 单击登录按钮时，将密码进行MD5加密，赋给隐藏的input框
42      $('#login').on('submit',function(){
43          $('#pass').val($.md5($('#passport').val()));
44      });
45      // 登录时发送Ajax请求
46      $('#login').ajaxForm({
47          url:'http://localhost/village/php/login.php',
48          type:'post',
49          data:$('#login').serialize(),
50          dataType:'json',
51          // 请求成功时回调函数
52          success:function(data){
53              // 后台比对密码成功时
54              if(data['result']=='success'){
55                  alert('用户：'+data['username']+'，登录成功');
56                  // 跳转到"官堰村"首页模块
57                  window.location.href='http://localhost/village/html/index.html';
58              }else{
59                  // 不存在用户名或密码错误时
60                  alert('用户名或密码错误');
61              }
62          },
63          // 请求失败时回调函数
64          error:function(err){
```

65	alert('请求失败');
66	}
67	});
68	

login.php

步骤 3-3-2：创建 login.php 文件，编写登录功能后台处理逻辑。

1	`<?php`
2	// 获取前端发送的数据：控件名分别为username、lhpwd的值
3	`$username = $_REQUEST['username'];`
4	`$password = $_REQUEST['lhpwd'];`
5	// 连接MySQL数据库，输入MySQL主机名、用户名、密码
6	`$link=mysqli_connect('localhost:3306','root','123456')ordie(json_encode(array('result'=>'database connect error')));`
7	// 选择要操作的库
8	`mysqli_select_db($link, 'my_database')or die(json_encode(array('result'=>'select database error')));`
9	// MySQL查询语句，以从前端获取到的username为条件
10	`$sql_select = "select password from user_msg where username='$username'";`
11	// 执行查询
12	`$res = mysqli_query($link, $sql_select);`
13	// 判断用户名是否存在
14	`if (mysqli_fetch_assoc($res) == null){`
15	// 查询结果为空，则表示该用户不存在
16	`echo json_encode(array('result'=>'username is not exist'));`
17	`}else{`
18	// 再次执行查询
19	`$res = mysqli_query($link, $sql_select);`
20	// 通过while循环将查询结果依次赋给$pwd
21	`while ($pwd=mysqli_fetch_assoc($res)){`
22	// 比对从数据库取到的密码与前端返回的密码是否一致
23	`if ($pwd['password']==$password){`
24	// 比对成功，返回JSON格式数据
25	`echo json_encode(array('result'=>'success', 'username'=>$username,'password'=>$password));`
26	`}else{`
27	// 比对失败，返回JSON格式数据
28	`echo json_encode(array('result'=>'password error'));`
29	`}`
30	`}`
31	`}`
32	// 关闭数据库连接
33	`mysqli_close($link);`

Ajax.js

步骤 3-4：编写修改密码功能模块代码。

步骤 3-4-1：在 Ajax.js 文件中编写修改密码功能 Ajax 请求。

69	// 修改密码时发送Ajax请求
70	// 单击确定按钮时，将密码进行MD5加密，赋给隐藏的input框
71	`$('#update').on('submit',function(){`
72	`$('#pass').val($.md5($('#passport').val()));`
73	`});`
74	// 提交时发送Ajax请求

```
75      $('#update').ajaxForm({
76          url:'http://localhost/village/php/updatepwd.php',
77          type:'post',
78          data:$('#update').serialize(),
79          dataTpye:'json',
80          // 请求成功时回调函数
81          success:function(data){
82              // JSON.parse()方法将JSON字符串转为JSON对象
83              data = JSON.parse(data);
84              // 后台修改成功时
85              if(data['result']=='success'){
86                  alert('密码修改成功，请重新登录');
87                  window.location.href= 'http://localhost/village/html/login.html';
88              }else{
89                  alert('密码修改失败');
90              }
91          },
92          // 请求失败时回调函数
93          error:function(err){
94              alert('请求失败');
95          }
96      });
97  });
```

updatepwd.php

步骤 3-4-2：创建 updatepwd.php 文件，编写修改密码功能后台处理逻辑。

```
1   <?php
2   // 获取前端发送的数据：控件名分别为username、hpwd的值
3   $username = $_REQUEST['username'];
4   $password = $_REQUEST['hpwd'];
5   // 连接MySQL数据库，输入MySQL主机名、用户名、密码
6   $link=mysqli_connect('localhost:3306','root','123456')or die(json_encode(array('result'=>'database connect error')));
7   // 选择要操作的库
8   mysqli_select_db($link, 'my_database')or die(json_encode(array('result'=>'select database error')));
9   // MySQL查询语句，以从前端获取到的username为条件
10  $sql_select = "select username from user_msg where username = '$username'";
11  // 执行查询
12  $res = mysqli_query($link, $sql_select);
13  // 判断用户名是否存在
14  if (mysqli_fetch_assoc($res)== null){
15      // 查询结果为空，则表示该用户不存在
16      echo json_encode(array('result'=>'username is not exist'));
17  }else{
18      // 数据库更新语句
19      $sql_update = "update user_msg set password = '$password' where username = '$username'";
20      // 执行更新
21      mysqli_query($link, $sql_update);
22      // 根据数据库受影响的行数判断是否更新成功
23      if (mysqli_affected_rows($link)>0){
```

```
24          echo json_encode(array('result'=>'success'));
25      }else{
26          echo json_encode(array('result'=>'update password error'));
27      }
28   }
29   // 关闭数据库连接
30   mysqli_close($link);
```

到这里，前端－后端交互功能也开发完成了，如图 2-3-7 至图 2-3-9 所示。

图 2-3-7　注册成功效果

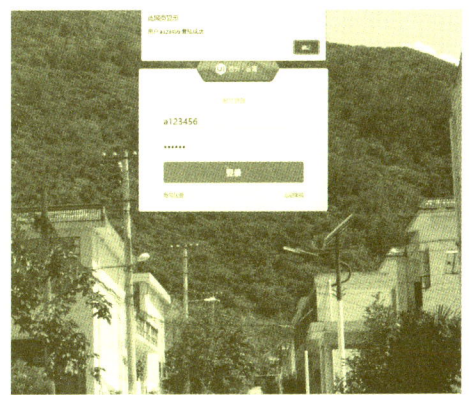

图 2-3-8　登录成功效果

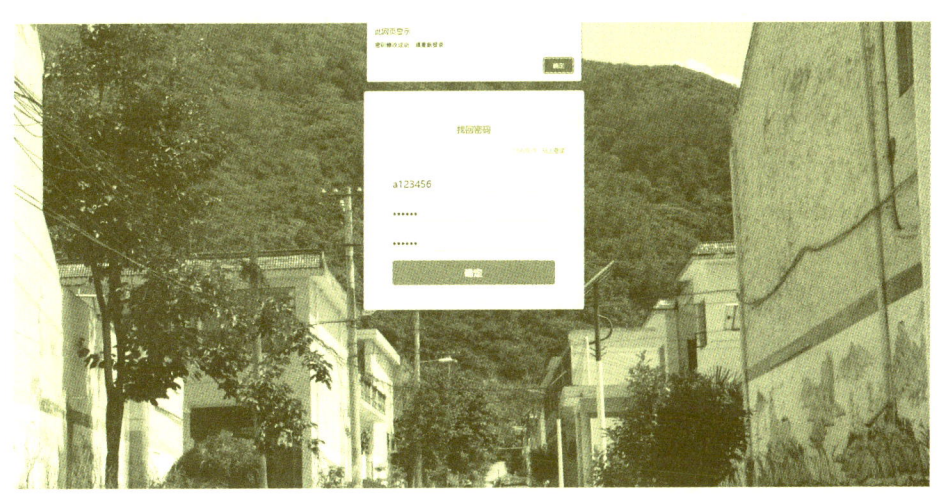

图 2-3-9　修改密码成功效果

正所谓"学而时习之，不亦说乎"，和康康一起学习，有没有发现自己的知识欠缺呢？知识必须与实际相结合，这样在运用知识的过程中就能发现自己的缺陷。书到用时方恨少！希望同学们对 Web 前端开发的知识学习不要止于此，学习从来无捷径，需要大家在知识的海洋中继续探索。

任务评价

任务要求：提交交互功能代码包。

考核方式：学生互评，教师点评。

评价标准：任务评价表，见表 2-3-1。

表 2-3-1 任务评价表

任务名称:"官堰村振兴网"交互功能	任务承接人： 交付日期：	
项目要求	评价标准	成绩
Ajax 交互编写（50 分）	1. 完成密码加密功能（10 分） 2. 完成 Ajax 交互编写，请求无错误（20 分） 3. 回调函数代码逻辑清晰（20 分）	
PHP 代码编写（30 分）	1. 可以成功连接数据库（10 分） 2. 业务逻辑合理，成功返回数据给前端（10 分） 3. 注册、登录、修改密码功能无缺陷（10 分）	
数据库设计（20 分）	1. 完成功能对应字段设计，字符类型合理（10 分） 2. 实现数据库主键自增（10 分）	
总分		
评价人	评价级别（√）	备注
个人	□优秀　□良好　□合格　□不合格	
老师	□优秀　□良好　□合格　□不合格	

拓展训练

1. 不能获取前端发来的数据写法是（　）。

   A．$_REQUEST["name"]　　　　　　B．$_GET["name"]

   C．$_POST["name"]　　　　　　　　D．$_Form["name"]

2. 关于代码"obj.nextElementSibling.classList.add('hide');"，理解正确的是（　）。

   A．obj 对象的子元素添加"hide"类名

   B．obj 对象子元素的同胞元素添加"hide"类名

   C．obj 对象下一个同胞元素添加"hide"类名

   D．obj 对象上一个同胞元素添加"hide"类名

3. 可以将 JSON 字符串转为 JSON 对象的方法是（　）。

   A．json_encode()　　　　　　　　B．JSON.parse()

   C．JSON.stringify()　　　　　　　D．json_decode()

单元四　测试阶段

任务8　"官堰村振兴网"运行测试

任务导入

在项目开发小组的努力下,"官堰村振兴网"的所有功能模块终于完成了。同学们不禁回想起"党史学习教育网"开发完成的后续任务,也是项目在上线前不可缺少的环节——软件测试。大家虽然有"党史学习教育网"的测试经验,但对于新加入项目开发小组的成员康康同学来说,这是一次挑战。所以,康康同学跃跃欲试地说:"让我来!"

项目组其他成员也更愿意给康康同学这个机会,于是本项目的测试任务就交给康康来完成。

学习目标

- 明白软件维护的意义。
- 熟练编写测试用例。

任务描述

康康同学请教项目组成员测试工作的要领之后,便陷入了思考……

很快,康康同学通过自学和在老师的帮助下,有了测试思路。康康打算编写3个测试用例,围绕的测试用例展开"官堰村振兴网"的测试工作。

前导知识

让我们先跟随康康同学进一步了解软件维护的意义吧。

软件测试工作是软件维护工作的前提,软件测试也为软件维护指明了方向。软件维护工作主要是在软件上线前、软件的开发末期对软件进行必要的调整和修改。软件维护主要具有以下三点意义:

(1)对各种bug进行修复,对软件新功能进行开发,进而提升版本稳定性和用户的使用体验。就像我们平时用的APP一样不断地提醒我们更新,但同时也会有新的bug出现。

(2)定期收集用户的需求,根据用户的反馈需要不断更新新功能或改善UI界面,提升用户体验,或删除一些用户使用率不高的功能。

(3)软件需要不断更新和维护。

想要做好软件维护这项工作,就要在软件开发期间保证代码的规范性,提高代码的易读性,变量命名规范,关键性代码要有相应的注释,这样才能降低软件维护工作的难度。软件维护流程如图2-4-1所示。

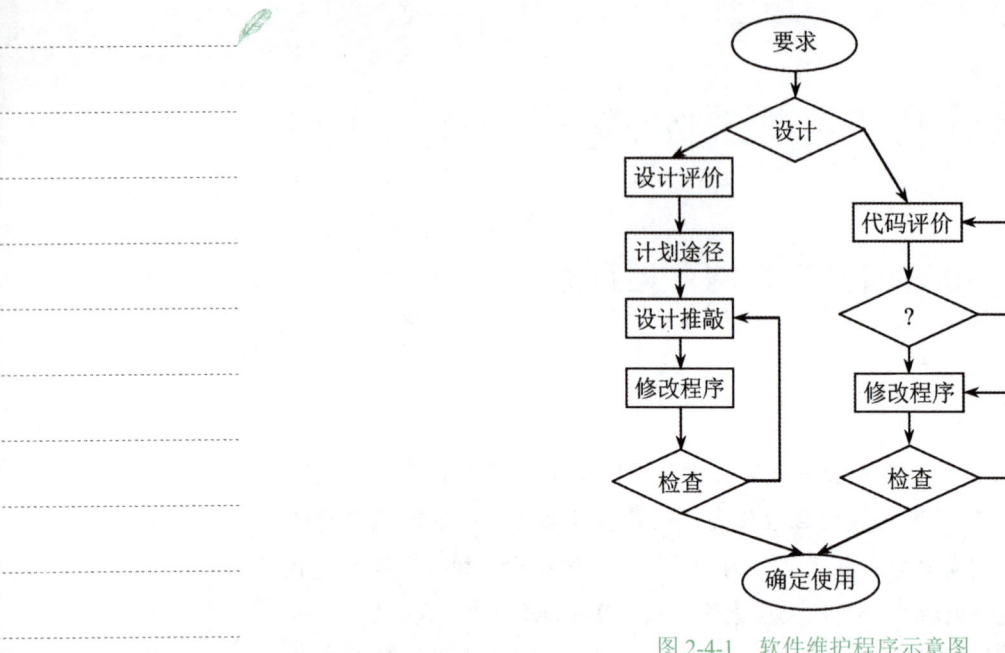

图 2-4-1　软件维护程序示意图

任务准备工作

🔗 任务准备

知识与技能目标

在本次任务中，我们需要掌握以下知识与技能：

（1）测试方法。

（2）测试用例编写。

（3）测试报告编写。

职业素养目标

态度端正：项目越到最终阶段，学生更容易浮躁，而测试阶段也是整个项目的重要部分。因此，希望大家沉下心来，认真对待此次测试。

任务思考

康康同学通过对项目功能的思考，在老师的指导下，确定解决以下问题：

（1）设计测试用例，保证全面涵盖界面和功能。

（2）测试过程中，及时记录，确保每个缺陷都会有跟踪。

任务分解

康康同学将软件测试分为如下两个步骤：

（1）完成测试用例编写设计。

（2）制作缺陷报告。

📢 任务实施

完成准备工作后，康康开始编写测试用例了。他先从容易出错的修改密码功能入手进行测试。

步骤1：完成测试用例编写设计。

设计修改密码功能及标签切换的测试用例。

步骤1-1：康康先从修改密码功能入手，思考修改密码时可能出现的错误，最终保证修改密码顺利完成。康康设计出相关测试用例见表 2-4-1。

表 2-4-1 修改密码功能测试用例

测试用例编号	测试项目	测试标题	重要级别	预置条件	输入	执行步骤	预期输出
DSXZ-LFK001-100	修改密码测试	输入验证跳转功能	高	密码忘记无法登录	输入密码不正确	访问登录页面，单击按钮	刷新并跳转修改密码页
DSXZ-LFK002-101	修改密码测试	修改验证提交功能	高	新密码符合规则	输入符合规则的新密码	输入完成后，单击确定按钮	修改成功并转到登录页

修改密码功能测试用例设计完成，康康继续编写标签切换的测试用例。

步骤 1-2：康康继续完成首页功能的测试用例编写，首页界面的布局和轮播图需率先经过测试工作，见表 2-4-2。

表 2-4-2 标签切换测试用例

测试用例编号	测试项目	测试标题	重要级别	预置条件	输入	执行步骤	预期输出
DSXZ-LFK001-102	标签切换	按钮样式文字样式	中	首页成功加载	无需输入，查看代码结构即可	登录成功后	按钮样式无异常文字布局正常
DSXZ-LFK002-103	标签切换	切换效果	高	布局样式无异常	无需输入，单击按钮观察切换	来回单击切换按钮并观察	文字随着单击标签不同进行切换

步骤 2：制作缺陷报告。

参照测试用例进行测试，发现缺陷及时记录，最终形成缺陷报告。

康康根据编写好的测试用例按部就班地测试，由于项目开发小组有了开发经验，所以这次测试"官堰村振兴网"的质量很高，项目运行速度也很快。但最终康康还是发现了问题，他把缺陷记录下来，见表 2-4-3。

表 2-4-3 缺陷报告

缺陷编号	被测系统	模块名称	摘要	描述	缺陷严重程度	提交人
DSXZ-LFK002-103-001	"官堰村振兴网"	产业振兴模块	标签切换失效	该功能按钮、文字、图片显示正常，但单击不同按钮无法实现文字和图片的切换。	严重	康康

缺陷记录就这样完成了，剩下的事情交给负责开发"产业振兴"功能模块的帆凯同学修改。

想必大家已经学会熟练进行软件测试和编写测试用例的方法了吧，那么请大家按照康康的方法和步骤完成其余功能模块的测试，以保证项目更好地完成。

任务评价

任务要求：提交测试用例、缺陷报告，并完成缺陷修改。

考核方式：学生互评，教师点评。

评价标准：任务评价表，见表 2-4-4。

表 2-4-4　任务评价表

任务名称:"官堰村振兴网"运行测试		任务承接人: 交付日期:	
项目要求	评价标准		成绩
测试用例（30 分）	1. 测试用例编写不少于 5 个（10 分） 2. 测试用例编写步骤明确，针对性强（20 分）		
缺陷报告（40 分）	1. 缺陷数量不少于 5 个或不多于 3 个（20 分） 2. 缺陷描述具体、清晰、且目标明确（20 分）		
缺陷修改（30 分）	1. 完成 80% 缺陷功能（10 分） 2. 可以通过新思路独立完成缺陷修改（20 分）		
总分			
评价人	评价级别（√）		备注
个人	□优秀　□良好　□合格　□不合格		
老师	□优秀　□良好　□合格　□不合格		

拓展训练

1. 下列（　）属于不良编程习惯。
    A. 尽量不使用 goto 语句　　　　　B. 从来不使用注释
    C. 每行只写一条语句　　　　　　D. 变量名尽量直观
2. 某程序调试没有出现预计的结果，下列不属于原因的是（　）。
    A. 变量没有初始化　　　　　　　B. 循环控制出错
    C. 变量没有明确的注释　　　　　D. 代码输入有误
3. 在衡量软件质量时，最重要的标准是（　）。
    A. 成本低　　　　　　　　　　　B. 可维护性好
    C. 符合要求　　　　　　　　　　D. 界面友好